THÈSES

PRÉSENTÉES

A LA FACULTÉ DES SCIENCES DE PARIS

POUR

OBTENIR LE GRADE DE DOCTEUR ÈS SCIENCES MATHÉMATIQUES,

PAR M. A. LEVISTAL,

ANCIEN ÉLÈVE DE L'ÉCOLE NORMALE SUPÉRIEURE, AGRÉGÉ DES SCIENCES.

1re **THÈSE**. — RECHERCHES D'OPTIQUE GÉOMÉTRIQUE.

2e **THÈSE**. — PROPOSITIONS DE PHYSIQUE MATHÉMATIQUE DONNÉES PAR LA FACULTÉ.

Soutenues le   1866, devant la Commission
d'Examen.

MM. CHASLES, *Président.*
PUISEUX,
BRIOT,   } *Examinateurs.*

PARIS,

TYPOGRAPHIE DE AD. LAINÉ ET J. HAVARD

RUE DES SAINTS-PÈRES, 19

1866

THÈSES

PRÉSENTÉES

A LA FACULTÉ DES SCIENCES DE PARIS

POUR

OBTENIR LE GRADE DE DOCTEUR ÈS SCIENCES MATHÉMATIQUES,

PAR M. A. LEVISTAL,

ANCIEN ÉLÈVE DE L'ÉCOLE NORMALE SUPÉRIEURE, AGRÉGÉ DES SCIENCES.

1re THÈSE. — RECHERCHES D'OPTIQUE GÉOMÉTRIQUE.

2e THÈSE. — PROPOSITIONS DE PHYSIQUE MATHÉMATIQUE DONNÉES PAR LA FACULTÉ.

Soutenues le   1866, devant la Commission d'Examen.

MM. CHASLES, *Président.*
PUISEUX,
BRIOT,   } *Examinateurs.*

PARIS,

TYPOGRAPHIE DE AD. LAINÉ ET J. HAVARD

RUE DES SAINTS-PÈRES, 19

1866

ACADÉMIE DE PARIS.

FACULTÉ DES SCIENCES DE PARIS.

DOYEN . . . . MILNE EDWARDS, Professeur. Zoologie, Anatomie, Physiologie.

PROFESSEURS HONORAIRES
{ PONCELET.
{ LEFÉBURE DE FOURCY..

PROFESSEURS . . . .
DUMAS. . . . . Chimie.
DELAFOSSE . . . . Minéralogie.
BALARD. . . . . Chimie.
CHASLES. . . . . Géométrie supérieure.
LE VERRIER. . . . . Astronomie.
DUHAMEL. . . . . Algèbre supérieure.
LAMÉ. . . . . Calcul des probabilités, Physique mathématique.
DELAUNAY. . . . . Mécanique physique.
C. BERNARD . . . . Physiologie générale.
P. DESAINS . . . . Physique.
LIOUVILLE . . . . Mécanique rationnelle.
HÉBERT. . . . . Géologie.
PUISEUX . . . . Astronomie.
DUCHARTRE. . . . . Botanique.
JAMIN . . . . Physique.
SERRET. . . . . Calcul différentiel et intégral.
PAUL GERVAIS . . . . Anatomie, Physiologie comparée, Zoologie.

AGRÉGÉS. . . . .
BERTRAND. . . . . } Sciences mathématiques.
J. VIEILLE . . . . }
PELIGOT. . . . . Sciences physiques.

SECRÉTAIRE . . . . E. PREZ-REYNIER.

A LA MÉMOIRE

DE

M. E. VERDET,

MAITRE DE CONFÉRENCES A L'ÉCOLE NORMALE SUPÉRIEURE.

RECHERCHES
D'OPTIQUE GÉOMÉTRIQUE.

INTRODUCTION.

La science de l'Optique, envisagée dans toute la généralité qu'elle comporte, peut être étudiée à deux points de vue fort différents : s'occupe-t-on de déterminer la forme de la surface d'onde dans un milieu de constitution donnée, de définir le mouvement vibratoire qui engendre la lumière, de rechercher les modifications qui s'opèrent dans la direction ou l'intensité des vibrations lumineuses à la suite d'une réflexion ou d'une réfraction, de calculer les effets de la superposition de plusieurs mouvements vibratoires, les questions que l'on traite sont du ressort de ce qu'on pourrait appeler l'*Optique mécanique ou moléculaire ;* s'agit-il, au contraire, la forme des surfaces d'onde caractéristiques d'un milieu étant supposée connue, d'examiner les relations qui existent entre les directions des rayons qui se propagent dans ce milieu et les ondes qui correspondent à ces rayons, de prévoir les changements qu'une réflexion ou une réfraction produira dans la direction des rayons ou dans la forme des ondes, d'étudier les propriétés géométriques d'un système de rayons réfléchis ou réfractés, de trouver quelle doit être la nature, soit des surfaces réfléchissantes ou réfringentes, soit des surfaces d'onde caractéristiques des milieux pour que les rayons réfléchis ou réfractés remplissent telle ou telle condition assignée à l'avance, d'évaluer enfin le temps qu'emploie la lumière pour aller d'un point à un autre en subissant un nombre quelconque de réflexions et de réfractions sur des surfaces données et en traversant des milieux de nature connue, on est dans le domaine de l'*Optique géométrique*.

Les questions qui se rattachent à cette dernière branche de la science de la lumière sont aussi nombreuses qu'intéressantes ; il suffira de citer la recherche générale de la forme des ondes réfléchies ou réfractées, la théorie des surfaces et des lignes caustiques, celle des surfaces aplanétiques, l'étude de l'éclairement des surfaces, la théorie de l'achromatisme. Ces problèmes, et en particulier ceux qui ont trait aux courbes caustiques, ont été, comme on sait, l'objet de nombreux travaux de la part des mathématiciens et des physiciens ; mais, jusqu'à ces derniers temps, ils n'ont été abordés que dans le cas particulier des milieux homogènes isotropes et en prenant pour point de départ les lois connues qui dans ces milieux régissent la réflexion et la réfraction. En suivant cette marche on est dispensé, il est vrai, de recourir à la considération des ondes, mais, en revanche, la solution de questions même assez simples exige souvent une analyse pénible et compliquée : c'est ce dont on peut s'assurer en parcourant les démonstrations que Malus en 1810, M. Ch. Dupin en 1812 ont données de ce théorème fondamental que : « *tous les rayons lumineux issus d'un même point sont normaux à une même surface après avoir subi un nombre quelconque de réflexions sur des surfaces quelconques et un nombre quelconque de réfractions par leur passage à travers des milieux limités jouissant de pouvoirs réfringents différents.* » (Voir Ch. Dupin, *Développements de Géométrie,* et Gergonne, tome XVI, p. 247.)

En introduisant dans l'Optique géométrique la notion de l'onde ou, ce qui au fond revient identiquement au même, la notion du temps employé par la lumière pour se propager d'un point à un autre dans une direction déterminée, non-seulement on simplifie notablement la démonstration des théorèmes relatifs aux milieux homogènes isotropes, mais encore, et c'est là le point important, on arrive, dans la plupart des cas, à généraliser les propositions et à les étendre, en les modifiant, bien entendu, d'une façon appropriée, aux milieux homogènes anisotropes et même souvent aux milieux hétérogènes.

La nécessité de faire intervenir la considération des ondes lumineuses dans la solution des problèmes d'Optique géométrique ne pouvait devenir évidente que du jour où l'on s'est efforcé de suivre avec quelque détail la marche de la lumière dans des milieux autres que les milieux homogènes isotropes. Or, jusqu'à une époque toute récente, pour les milieux homogènes anisotropes, l'Optique géométrique se bornait presque exclusivement à la célèbre construction indiquée par Huyghens pour trouver la direction des rayons réfléchis ou réfractés ; on s'était contenté de remarquer que les rayons qui se propagent dans des milieux de ce genre ne sont pas nécessairement, comme cela arrive dans les milieux isotropes, normaux à une même surface, et de dire que ces rayons constituent des *systèmes irréguliers.* C'est à M. Hamilton qu'on doit d'avoir le premier, dans son traité intitulé *Theory of systems of rays,* et spécialement dans un supplément publié dans les *Transactions de l'Académie d'Irlande* (tome XVI), appelé l'attention sur ces systèmes irréguliers ; mais, dans cet ouvrage, l'auteur s'occupe encore presque exclusivement des systèmes réguliers de rayons, et ce n'est qu'accessoirement qu'il parle des modifications apportées dans ces systèmes par leur passage à travers des cristaux n'appartenant pas au système cubique. En 1860, M. Kummer, dans un très-remarquable mémoire qui porte pour titre : *Théorie générale des systèmes de rayons rectilignes* (*Journal de Crelle,* tome LVII), s'est proposé « *d'étudier dans toute leur généralité les propriétés d'un système de droites remplissant l'espace ou une portion de l'espace de telle manière que par un point donné il passe un rayon ou un nombre déterminé de rayons.* » Dans ce travail le savant allemand se place à un point de vue purement géométrique et n'a nullement, par conséquent, à s'occuper des changements produits dans la direction des rayons par la réflexion ou par la réfraction, ni des relations de ces directions avec le système des ondes ; de plus il s'élève à un degré de généralité qui sans doute a un intérêt considérable pour la géométrie, mais qui est inutile en optique. Les rayons qui se meuvent dans un milieu homogène quelconque jouissent en effet, de quelque manière qu'ils y aient été introduits, de cette propriété, dont on trouvera plus loin la démonstration, que leur direction a avec celle du plan tangent à la surface de l'onde une liaison déterminée et constante pour un même milieu ; il résulte de là que les systèmes de rayons issus originairement d'un même point lumineux qui se propagent dans les milieux homogènes, même anisotropes, ne sont pas quelconques, que leur constitution est, pour ainsi dire, dans une connexion intime avec celle du milieu, et qu'ils présentent un certain nombre de particularités n'appartenant pas à un système de droites choisies tout à fait arbitrairement.

Si l'Optique géométrique des milieux homogènes anisotropes est encore loin d'avoir reçu tout le développement dont elle est susceptible, celle des milieux hétérogènes est presque entièrement à créer. C'est à peine si, dans les traités d'optique, quelques lignes sont consacrées à la propagation de la lumière dans ces derniers milieux, et je ne connais aucun travail où la considération des ondes ait été appliquée aux nombreux problèmes que soulève la marche des rayons lumineux dans des milieux dont la constitution optique varie d'une manière continue d'un point à un autre.

L'Optique géométrique cependant, bien qu'elle ait à emprunter à l'Optique mécanique ses principes fondamentaux, peut à son tour rendre à cette dernière science de précieux services. Certains problèmes, en effet, peuvent être traités en laissant indéterminée la forme des surfaces d'onde caractéristiques du milieu où se meuvent les rayons, et, en recherchant les conditions auxquelles doit être assujettie cette forme pour que des systèmes déterminés de rayons se propageant dans le milieu possèdent, après réflexion ou réfraction sur une surface donnée, certaines propriétés géométriques, pour que tous ces rayons aillent, par exemple, concourir en un même point, on pourra arriver à caractériser par des lois simples de la réflexion et de la réfraction certaines classes de milieux homogènes anisotropes, de même que les milieux homogènes isotropes sont définis par la loi de l'égalité entre l'angle d'incidence et l'angle de réflexion ou par la loi de Descartes : la recherche des surfaces aplanétiques planes nous en fournira un exemple.

Faire sortir l'Optique géométrique du cadre restreint dans lequel cette science a été renfermée jusqu'à aujourd'hui, en étendant aux milieux homogènes quelconques, et, quand cela est possible, aux milieux hétérogènes les résultats acquis depuis longtemps pour les milieux homogènes isotropes, tel est, je n'ose dire l'objet du présent travail, mais du moins le but que j'ai eu devant les yeux en l'entreprenant. Il est divisé en deux parties bien distinctes : la première comprend une série de théorèmes généraux sur la propagation, la réflexion et la réfraction de la lumière dans des milieux quelconques, homogènes ou hétérogènes; dans la seconde, pour montrer toute la fécondité de ces principes, je les applique à la solution d'une question particulière, à la recherche des surfaces aplanétiques par réflexion et par réfraction.

On ne devra jamais perdre de vue, dans tout ce qui va suivre, que nous n'aurons à nous préoccuper que de la direction dès rayons lumineux et non de leur intensité, intensité qui, dans certaines conditions particulières, peut devenir nulle par suite de phénomènes de polarisation, sans que pour cela le rayon géométrique cesse d'exister.

Nous supposerons connus les principes mécaniques de la théorie des ondes lumineuses, et en particulier celui qui porte le nom d'Huyghens, sur lequel nous nous appuierons constamment et dont nous ne ferons, à proprement parler, que développer les conséquences géométriques.

PREMIÈRE PARTIE.

**THÉORÈMES GÉNÉRAUX SUR LA PROPAGATION, LA RÉFLEXION ET LA RÉFRACTION
DE LA LUMIÈRE DANS DES MILIEUX QUELCONQUES.**

DÉFINITIONS ET NOTATIONS.

Dans un milieu *homogène* quelconque supposons un centre d'ébranlement lumineux et admettons que la lumière qui en émane soit homogène, le lieu des points
auxquels se communique le mouvement vibratoire au bout d'un temps T constitue
une certaine surface ; comme, suivant chacune des directions qui partent du point
lumineux, la vitesse de propagation de ce mouvement est constante, les surfaces
qui correspondent à des temps différents sont toutes semblables et semblablement placées par rapport au point lumineux. Le milieu étant homogène, la
forme de ces surfaces est indépendante de la position du point dont émane la lumière ; elles ont évidemment toutes pour centre le point lumineux, et, comme la
vitesse avec laquelle se propage la lumière ne peut devenir infinie suivant aucune
direction, ce sont des surfaces fermées : nous les appellerons *surfaces d'onde caractéristiques du milieu.* Il est clair, en effet, qu'un milieu homogène sera optiquement défini lorsqu'on connaîtra la surface qui est le lieu des points auxquels le
mouvement vibratoire, émané d'un point quelconque de ce milieu, se communique au bout d'un temps donné. Connaissant une quelconque des surfaces d'onde
caractéristiques d'un milieu homogène, par exemple celle qui a pour centre un
point pris pour origine, et qui correspond à l'unité de temps, il sera facile de
trouver toutes les autres, et, pour qu'une de ces surfaces soit déterminée, il suffira alors de donner :

1° Son centre ;

2° Le temps auquel elle correspond.

Pour que deux milieux homogènes soient identiques au point de vue optique,
il faut et il suffit que les surfaces d'onde caractéristiques de ces deux milieux
correspondant à un même temps, par exemple à l'unité de temps, soient identiques ; mais on doit remarquer que, deux milieux homogènes étant optiquement

identiques, la lumière peut cependant éprouver un changement de direction en passant de l'un dans l'autre : c'est ce qui se produira toutes les fois que ces milieux seront placés de façon que les rayons vecteurs homologues des surfaces d'onde caractéristiques ne soient pas parallèles, c'est ce qui arrivera en particulier si on superpose deux lames d'un même cristal taillées suivant des plans différents. Pour que deux milieux homogènes puissent être considérés en optique comme formant un tout continu, il faut donc et il suffit : 1° que les surfaces d'onde caractéristiques de ces deux milieux correspondant à l'unité de temps soient identiques ; 2° que les rayons vecteurs homologues de ces surfaces soient parallèles. Pour les milieux homogènes isotropes la première condition est évidemment suffisante.

Les milieux homogènes dont les surfaces d'onde caractéristiques correspondant à un même temps, sans être identiques, sont semblables, constituent un groupe et jouissent d'un certain nombre de propriétés communes : tel est, par exemple, le groupe des milieux homogènes isotropes, dont les surfaces d'onde caractéristiques correspondant à des temps égaux sont toutes des sphères, mais de rayons différents.

Les surfaces d'onde caractéristiques d'un milieu homogène ont une ou plusieurs nappes suivant que, sur chaque direction, le mouvement lumineux peut se propager dans ce milieu avec une vitesse unique ou avec plusieurs vitesses différentes; les milieux homogènes dont les surfaces d'onde caractéristiques n'ont qu'une nappe sont dits *monoréfringents ;* ceux où ces surfaces ont deux nappes sont dits *biréfringents.* Le calcul et l'expérience s'accordent pour montrer que, si l'on ne tient compte que des vibrations transversales qui seules paraissent aptes à produire l'impression lumineuse, tout milieu homogène non isotrope est nécessairement biréfringent; les qualifications de monoréfringent et d'isotrope doivent donc être regardées comme synonymes, de même que celles de biréfringent et d'anisotrope. Dans les milieux homogènes isotropes ou monoréfringents, les surfaces d'onde caractéristiques sont évidemment des sphères ; quant aux milieux anisotropes ou biréfringents, l'Optique mécanique nous apprend qu'ils se divisent en deux classes : pour les uns, les surfaces d'onde caractéristiques sont formées d'une nappe sphérique et d'une nappe présentant la forme d'un ellipsoïde de révolution, ces deux nappes s'enveloppant l'une l'autre et se touchant aux extrémités de l'axe de la nappe ellipsoïdale : ce sont les milieux dits *uniaxes;* pour les autres les surfaces d'onde caractéristiques sont des surfaces du quatrième degré indécomposables en surfaces du second degré : ce sont les milieux *biaxes.* Remarquons dès à présent que les milieux homogènes uniaxes peuvent être regardés comme isotropes par rapport aux rayons qui correspondent à la nappe sphérique, et qu'on nomme rayons ordinaires ; tous les théorèmes démontrés pour les milieux homogènes isotropes seront donc applicables aux milieux homogènes uniaxes, à condition qu'on se borne à considérer dans ces derniers milieux les rayons ordinaires.

Nous représenterons par

$$f(x, y, z) = 0$$

l'équation de la surface d'onde caractéristique d'un milieu homogène ayant pour centre l'origine des coordonnées et correspondant à l'unité de temps ; celle de la surface d'onde caractéristique ayant pour centre l'origine et correspondant au temps T sera :

$$f\left(\frac{x}{T}, \frac{y}{T}, \frac{z}{T}\right) = 0.$$

Lorsque cette dernière équation sera supposée résolue par rapport à T, nous l'écrirons :

$$\varphi(x, y, z) = T ;$$

l'équation de la surface d'onde caractéristique du milieu ayant pour centre un point dont les coordonnées sont (a, b, c) et correspondant au temps T sera :

$$f\left(\frac{x-a}{T}, \frac{y-b}{T}, \frac{z-c}{T}\right) = 0, \quad \text{ou} \quad \varphi(x-a, y-b, z-c) = T.$$

S'il y a lieu de considérer deux milieux différents, nous donnerons au signe de la fonction f ou φ l'indice 1 pour le milieu où se propagent les rayons incidents, l'indice 2 pour le milieu où se meuvent les rayons réfractés. Lorsqu'il s'agira d'un milieu biréfringent les indices o ou e ajoutés au signe de la fonction serviront à distinguer les deux nappes des surfaces d'onde caractéristiques.

Dans un milieu hétérogène il y a lieu de considérer les surfaces d'onde caractéristiques relatives à chacun des points du milieu : nous appellerons *surfaces d'onde caractéristiques relatives à un point O d'un milieu hétérogène* celles d'un milieu homogène qui suivant chaque direction aurait la constitution qu'a le milieu hétérogène suivant cette direction sur une longueur infiniment petite à partir du point O, ou, en d'autres termes, celles d'un milieu homogène qui serait constitué comme l'est le milieu hétérogène dans une étendue infiniment petite tout autour du point O. Cette définition peut encore être présentée sous une autre forme : soit O un point lumineux dans un milieu hétérogène ; le lieu des points atteints par le mouvement vibratoire au bout d'un temps infiniment petit dT sera ce que nous appellerons la surface d'onde caractéristique relative au point O et correspondant au temps infiniment petit dT ; connaissant cette surface, il sera facile de trouver la surface d'onde caractéristique relative au point O et correspondant à un temps fini T, surface qui ne sera plus dans ce cas le lieu des points auxquels se communique le mouvement vibratoire au bout du temps T.

Quand nous parlerons d'un milieu hétérogène nous le supposerons toujours continu, c'est-à-dire que nous admettrons qu'en passant d'un point du milieu à un point infiniment voisin, la variation des surfaces d'onde caractéristiques est aussi infiniment petite. Lorsque les surfaces d'onde caractéristiques relatives à tous les points d'un milieu hétérogène sont à deux nappes, nous dirons que le milieu hétérogène est biréfringent, et, selon que ces surfaces présenteront le type des surfaces d'onde caractéristiques d'un milieu homogène uniaxe ou biaxe, le milieu hétérogène sera dit uniaxe ou biaxe; lorsque ces surfaces n'ont qu'une nappe, elles sont nécessairement sphériques et le milieu sera dit hétérogène isotrope; on voit que tout milieu hétérogène non isotrope est biréfringent.

Considérons un milieu hétérogène biréfringent: soient dans ce milieu deux points tels que les nappes extraordinaires des surfaces d'onde caractéristiques relatives à ces deux points et correspondant à un même temps, à l'unité de temps par exemple, soient identiques; que le milieu soit uniaxe ou biaxe, on peut s'assurer immédiatement, en se reportant à la forme des surfaces d'onde caractéristiques des milieux homogènes uniaxes ou biaxes, que l'identité des nappes extraordinaires de ces deux surfaces entraîne celle des nappes ordinaires; la réciproque est vraie pour les milieux biaxes, mais non pour les milieux uniaxes. Ceci posé, on peut remarquer que, dans un milieu homogène isotrope, l'équation de la surface d'onde caractéristique décrite de l'origine comme centre et correspondant à l'unité de temps ne contient qu'un seul paramètre, tandis qu'elle en renferme deux dans un milieu homogène uniaxe et trois dans un milieu homogène biaxe; il résulte de là que, dans un milieu hétérogène isotrope, le lieu des points tels que les surfaces d'onde caractéristiques relatives à ces points et correspondant à l'unité de temps soient identiques sera en général une surface, tandis que, du moins au point de vue purement mathématique, ce lieu sera en général une ligne pour un milieu hétérogène uniaxe, et que dans un milieu hétérogène biaxe les surfaces d'onde caractéristiques relatives aux différents points du milieu et correspondant à l'unité de temps pourront toutes différer les unes des autres. Mais si on réfléchit aux circonstances dans lesquelles on peut produire un milieu hétérogène biréfringent, ce qui se fera par exemple en portant les différentes parties d'un cristal à des températures inégales, ou en comprimant inégalement un morceau de verre, on voit que le lieu des points qui se trouveront dans des conditions identiques de température ou de pression, et où le milieu présentera par suite une constitution optique identique, sera en général une surface qui, dans certains cas particuliers seulement, pourra se réduire à une ligne ou à un point. On peut conclure de là que dans un milieu hétérogène continu, monoréfringent ou biréfringent, il existe toujours un système et un seul de surfaces, telles que les surfaces d'onde caractéristiques, relatives aux différents points d'une de ces surfaces et correspondant à l'unité de temps, soient identiques sous le rapport de la forme et de la position, ou, plus simplement, que le milieu soit optiquement identique en tous les points d'une de ces surfaces. Ces surfaces, analogues aux surfaces d'égale densité, et qui se confondent avec celles-ci lorsque le milieu hétérogène est isotrope, doivent, pour faciliter le langage, recevoir une dénomination particulière; nous les appellerons surfaces *isopalmiques* (de ἴσος, égal, et παλμικός, relatif aux vibrations). On voit que, dans un milieu hétérogène continu, par chaque point du milieu passe toujours une surface isopalmique et une seule, et que ce n'est que comme cas particulier que certaines des surfaces isopalmiques d'un milieu, toujours en nombre infiniment petit par rapport aux autres, peuvent se réduire à une ligne ou à un point. Il résulte de ce que nous venons de dire, et c'est là un point qui ne devra jamais être perdu de vue, qu'un milieu hétérogène peut toujours être considéré comme formé par la juxtaposition d'une infinité de couches homogènes infiniment minces, dont les surfaces de séparation seraient les surfaces isopalmiques du milieu ; il ne faut pas oublier non plus que, lorsque dans un milieu hétérogène biréfringent deux points se trouvent sur une même surface isopalmique, il y a identité à la fois entre les nappes ordinaires des surfaces d'onde caractéristiques, relatives à ces deux points et correspondant à l'unité de temps, et entre les nappes extraordinaires de ces mêmes surfaces.

Pour définir optiquement un milieu hétérogène continu, il faut et il suffit : 1° que l'on fasse connaître les surfaces isopalmiques du milieu, de telle sorte que, les coordonnées d'un point du milieu étant données, la surface isopalmique qui passe par ce point soit déterminée ; 2° que l'on indique quelle est sur chacune de ces surfaces isopalmiques la surface d'onde caractéristique correspondant à l'unité de temps ; en d'autres termes on devra donner deux équations de la forme :

$$F(x, y, z, \alpha) = 0 \quad \text{et} \quad f(x, y, z, T, \beta, \gamma \ldots) = 0,$$

dont la première représente les surfaces isopalmiques du milieu, α étant un paramètre variable, et la seconde la surface d'onde caractéristique relative au point dont les coordonnées sont (x, y, z), décrite de l'origine comme centre et correspondant au temps T, β, γ… étant un nombre quelconque de paramètres variables qui devront tous être des fonctions connues de α. En effet, si on donne les coordonnées d'un point quelconque du milieu, on pourra de la première équation déduire la valeur de α et par suite celles de β, γ….; en portant ces valeurs dans la seconde équation on aura l'équation d'une surface d'onde caractéristique relative au point considéré et correspondant au temps T ; ces deux équations, jointes à celles qui donnent β, γ.... en fonction de α, suffisent donc pour caractériser optiquement le milieu hétérogène.

Quand nous parlerons de réflexion ou de réfraction, nous supposerons toujours implicitement que la surface de séparation, où s'opère le changement de direction des rayons, est continue, c'est-à-dire qu'en chaque point de cette surface on ne peut lui mener qu'un plan tangent. Cette restriction est essentielle, car la plupart des théorèmes auxquels nous serons conduits cessent d'être vrais, lorsque la surface de séparation est formée de plusieurs portions de surfaces, qui se coupent sous des angles différents de zéro, lorsque, par exemple, cette surface est polyédrique.

Le cas où la surface de séparation présente un ou plusieurs points saillants doit aussi être réservé.

Comme nous n'étudierons que la marche de la lumière homogène, nous pourrons faire abstraction de la dispersion dans les phénomènes de réfraction.

Lorsque les rayons qui se meuvent dans un milieu homogène ne sont pas issus d'un point situé dans ce milieu, ou lorsque, émanant d'un point du milieu, ils ont subi une ou plusieurs réflexions, le lieu des points atteints par le mouvement vibratoire qui se propage suivant ces rayons au bout d'un certain temps T, compté à partir du moment où le mouvement part du point lumineux, porte encore le nom de surface d'onde ; mais, et c'est là un point sur lequel on ne saurait trop insister, ces *ondes réfléchies ou réfractées* n'ont pas, en général, la forme des surfaces d'onde caractéristiques du milieu dans lequel elles se propagent ; dans un milieu homogène isotrope, par exemple, elles ne sont sphériques que dans des cas très-particuliers.

Quoi qu'il en soit, il est toujours facile, en s'appuyant sur le principe d'Huyghens, la position de l'onde qui se meut dans un milieu homogène étant connue à un certain moment, de trouver la position de cette onde au bout d'un temps T, positif ou négatif, c'est-à-dire à une époque postérieure ou antérieure de T à l'instant considéré, en supposant que pendant ce temps T l'onde n'ait subi ni réflexion ni réfraction : il suffira, à cet effet, de décrire de chacun des points de la première onde comme centre une surface d'onde caractéristique du milieu correspondant au temps T ; l'enveloppe des portions de ces surfaces caractéristiques qui se trouvent, en avant de la première onde si T est positif, en arrière si T est négatif, sera l'onde cherchée. Il pourra se faire que l'onde obtenue au moyen de cette construction se trouve, en totalité ou en partie, en dehors des limites du milieu ; c'est ce que nous exprimerons en disant que cette onde est *virtuelle* en totalité ou en partie. La considération des positions virtuelles de l'onde, c'est-à-dire des positions qu'elle occuperait, à des époques antérieures ou postérieures à celles où cette onde passe par ses positions réelles, si le milieu dans lequel elle se meut se continuait au-delà des surfaces qui le séparent des milieux contigus, nous sera d'un grand secours dans la démonstration de plusieurs théorèmes.

Il résulte de la construction indiquée plus haut que, toutes les fois que l'onde qui se propage dans un milieu homogène ne présente pas la forme des surfaces d'onde caractéristiques de ce milieu, les différentes positions qu'elle occupe successivement ne constituent plus un système de surfaces semblables et concentriques : les plans tangents menés à ces surfaces aux points où elles sont rencontrées par un même rayon sont bien parallèles, comme nous le démontrerons plus loin, mais les rayons ne vont plus nécessairement concourir en un même point, et, par suite, on ne peut plus affirmer que ces ondes soient semblables et semblablement placées par rapport à un point.

Considérons en premier lieu le cas où un système de rayons, issus d'un point lumineux situé dans un milieu homogène, se propage actuellement, soit dans ce milieu, soit dans tout autre milieu homogène, ces rayons pouvant avoir subi un nombre quelconque de réflexions ou de réfractions sur des surfaces quelconques, mais n'ayant eu à traverser que des milieux homogènes ; l'onde qui correspond à ces rayons peut avoir plusieurs nappes, même quand le milieu dans lequel ils se meuvent est isotrope : c'est ce qui arrivera en général si ces rayons, avant de pénétrer dans le milieu isotrope, ont eu à traverser des milieux biréfringents ; à plus forte raison l'onde a-t-elle plusieurs nappes quand les rayons se propagent actuellement dans un milieu biréfringent. Il est esssentiel, pour donner de la précision aux théorèmes que nous aurons à énoncer, de grouper les rayons qui, issus originairement d'un même point lumineux, se propagent actuellement dans un certain milieu en systèmes tels qu'*aux rayons d'un même système correspondent des ondes dont chacune soit formée d'une nappe unique et continue*. Nous appellerons *rayons de même espèce* ceux qui font partie d'un tel système.

Dans le cas particulier où nous nous sommes placés, c'est-à-dire quand les rayons lumineux n'ont eu à traverser que des milieux homogènes, pour que plusieurs rayons, issus originairement d'un même point et se propageant actuellement dans un milieu homogène, *soient de même espèce*, il faut et il suffit évidemment, d'après la définition que nous venons de donner :

1° Que, si le milieu où se trouve le point lumineux est biréfringent, ces rayons soient tous originairement de *même nature*, c'est-à-dire tous ordinaires ou tous extraordinaires ;

2° Qu'ils aient subi le même nombre de réflexions et de réfractions sur les mêmes surfaces continues dans le même ordre, et, par conséquent, traversé les mêmes milieux homogènes ;

3° Que, dans chacune de ces réflexions et de ces réfractions, ces rayons aient, ou tous conservé leur nature, c'est-à-dire leur qualité d'ordinaire ou d'extraordinaire, ou tous changé à la fois de nature.

La distinction des rayons de même espèce devient surtout utile lorsque les rayons se meuvent actuellement dans un milieu hétérogène, ou que, se propageant actuellement dans un milieu homogène, ils ont eu à traverser antérieurement un ou plusieurs milieux hétérogènes. La propagation de la lumière dans les milieux hétérogènes est, en effet, affectée de deux causes de complication dont l'une se présente même pour les milieux hétérogènes isotropes, tandis que l'autre est spéciale aux milieux hétérogènes biréfringents.

1° Tout milieu hétérogène peut, ainsi que nous l'avons vu, être considéré comme formé par la juxtaposition d'une infinité de couches infiniment minces, dont les surfaces de séparation seraient les surfaces isopalmiques du milieu : en passant d'une de ces couches dans la couche contiguë, la lumière se divise en deux parties dont l'une rebrousse chemin ; toute surface isopalmique doit donc être regardée à la fois comme réfléchissante et comme réfringente, et la propagation de la lumière dans un milieu hétérogène doit être assimilée à la fois à une réfraction continue et à une réflexion continue.

2° Dans les milieux hétérogènes biréfringents, il y a, en outre, bifurcation continue des rayons lors de leur passage d'une couche infiniment mince dans la couche voisine. Il résulte de là que, dans un tel milieu, le rayon qui part d'un point lumineux dans une certaine direction donne naissance, en se bifurquant d'une manière continue, à une sorte d'aigrette courbe, formée d'une infinité de rayons courbes tous tangents à une même droite à leur point d'origine. On rencontre donc dans ces milieux, même en étudiant la marche des rayons issus d'un point situé dans le milieu, et en faisant abstraction de la réflexion, une complication tout à fait analogue à celle que présenterait dans un milieu homogène la propagation des rayons émanés d'une infinité de points lumineux; seulement, dans le cas dont nous nous occupons, ces points lumineux sont en quelque sorte superposés les uns aux autres. Si on imagine un point lumineux dans un milieu hétérogène biréfringent, même en laissant de côté la réflexion continue qui s'opère sur les surfaces isopalmiques, en ne considérant que les rayons qui se propagent dans le milieu sans se réfléchir, le lieu des points atteints par le mouvement vibratoire au bout d'un temps donné ne sera plus une surface composée d'un nombre fini de nappes, mais une portion solide de l'espace limitée par deux surfaces intérieures l'une à l'autre. Il en sera de même si la lumière qui se propage dans un milieu hétérogène biréfringent provient d'un point situé en dehors du milieu; chacun des rayons qui pénètre dans le milieu forme alors une aigrette courbe dont les rayons élémentaires sont tous tangents à une même droite au point où le rayon s'introduit dans le milieu.

Pour sortir de cette confusion qui, au premier abord, semble presque inextricable, nous grouperons, comme nous l'avons déjà fait pour les milieux homogènes, les rayons qui, issus originairement d'un même point, se propagent dans un milieu hétérogène, le point lumineux étant intérieur ou extérieur à ce milieu, en systèmes tels qu'aux rayons d'un même système correspondent des ondes dont chacune soit formée d'une nappe unique et continue, et nous appellerons encore les rayons faisant partie d'un tel système *rayons de même espèce*.

Supposons d'abord que la lumière émane d'un point situé dans un milieu hétérogène où se propagent actuellement les rayons ; pour que plusieurs de ces rayons soient de même espèce, il faut et il suffit, d'après la définition que nous venons de donner :

1° Que ces rayons en partant du point lumineux aient été originairement de même nature ;

2° Que, si l'un de ces rayons a changé de nature en un certain point O, tous les autres aient rencontré la surface isopalmique qui passe en O et changé de nature aux points où ils ont traversé cette surface ;

3° Que, si l'un de ces rayons s'est réfléchi en un certain point O, tous les autres aient rencontré la surface isopalmique ou la surface limitant le milieu qui passe en O et se soient réfléchis sur cette surface ;

4° Que, dans chacune de ces réflexions, ces rayons aient ou tous conservé leur nature ou tous changé de nature.

Quand le milieu est monoréfringent la troisième condition est suffisante.

Arrivons au cas général où des rayons, émanés d'un point lumineux situé dans un milieu quelconque, homogène ou hétérogène, se propagent actuellement dans un milieu également quelconque, après avoir subi un nombre quelconque de réflexions ou de réfractions et traversé un nombre quelconque de milieux homogènes ou hétérogènes ; pour que plusieurs de ces rayons puissent être dits de même espèce, il faut et il suffit :

1° Que ces rayons, en partant du point lumineux, aient été tous originairement de même nature ;

2° Que, si l'un de ces rayons s'est réfracté en traversant la surface de séparation de deux milieux distincts (les surfaces isopalmiques des milieux hétérogènes n'étant pas comprises sous cette dénomination), tous les autres se soient réfractés en traversant la même surface ;

3° Que, dans chacune de ces réfractions, ces rayons aient ou tous conservé leur nature ou tous changé de nature ;

4° Que, si l'un de ces rayons a changé de nature en un certain point O d'un milieu hétérogène, tous les autres aient rencontré la surface isopalmique qui passe par le point O et aient changé de nature en traversant cette surface ;

5° Que, si l'un de ces rayons s'est réfléchi en un certain point O d'une surface qui sépare deux milieux distincts ou d'une surface isopalmique d'un milieu hétérogène, tous les autres se soient réfléchis sur cette même surface ;

6° Que, dans chacune de ces réflexions, ces rayons aient ou tous conservé leur nature ou tous changé de nature ;

7° Que ces réflexions, ces réfractions, ces changements de nature se succèdent dans le même ordre pour tous ces rayons.

La définition des rayons de même espèce, si minutieuse qu'elle peut paraître au premier abord, est cependant indispensable pour donner, même aux théorèmes sur la propagation de la lumière dans les milieux homogènes isotropes, toute la généralité qu'ils comportent ; car, avant de pénétrer dans un tel milieu, la lumière peut avoir eu à traverser des milieux hétérogènes quelconques, et on devra avoir constamment cette définition présente à l'esprit en étudiant la marche de la lumière dans les milieux hétérogènes. Il faut bien se garder, du reste, de confondre la dénomination de rayons de même espèce avec celle de rayons de même nature : des rayons peuvent être de même nature, c'est-à-dire tous ordinaires ou tous extraordinaires relativement au milieu dans lequel ils se meuvent, sans pour cela être de même espèce ; des rayons de même espèce sont au contraire nécessairement de même nature.

Soit un système de rayons de *même espèce* se propageant dans un milieu quelconque, homogène ou hétérogène ; désignons par S l'onde, formée d'une nappe unique et continue, qui correspond à ces rayons, considérée dans la position qu'elle occupe à un certain instant T, et par R un quelconque des rayons du système. Le rayon R peut rencontrer l'onde S en plus d'un point ; mais, *parmi les points d'intersection du rayon R avec l'onde S, il y en a toujours un et un seul où le mouvement vibratoire est parvenu sur le rayon R à l'instant considéré*, et c'est toujours ce point que nous entendrons désigner quand nous parlerons du point où le rayon R rencontre l'onde S. Cette remarque est très-importante ; car ce que nous aurons à dire de ce point ne sera nullement applicable aux autres points de rencontre du rayon R avec l'onde S, s'il en existe plus d'un.

On voit de plus que, toutes les fois qu'une onde S est rencontrée par un rayon R du système auquel elle correspond en plus d'un point, tous ces points, sauf celui où le mouvement vibratoire est parvenu sur le rayon R à l'instant considéré, sont nécessairement des points d'intersection du rayon R avec d'autres rayons du système.

Remarquons encore, et c'est là une considération sur laquelle nous aurons besoin de nous appuyer, que, si deux rayons R et R′ faisant partie d'un système de rayons de même espèce concourent en un même point O, et que ces rayons n'arrivent pas simultanément en O, l'onde qui correspond à ce système de rayons passe deux fois au point O, et que cette onde, considérée dans la position qu'elle occupe au moment où, sur le rayon R, le mouvement vibratoire est parvenu en O, est rencontrée par le rayon R' au moins en deux points, dont l'un est le point O lui-même et dont l'autre est le point où, à ce moment, le mouvement vibratoire est parvenu sur le rayon R'.

Nous désignerons, pour abréger, les rayons ordinaires par le signe (*o*), les rayons extraordinaires par le signe (*e*). Lorsque la lumière, émanée d'un point situé dans un milieu homogène biréfringent, passe dans un autre milieu homogène également biréfringent, il y a quatre espèces de rayons réfractés : nous désignerons par le signe (*o, o*) ceux qu'on obtient en prenant dans les deux milieux les nappes ordinaires des surfaces d'onde caractéristiques; les trois autres espèces de rayons réfractés seront désignées d'une manière analogue par les symboles (*e, e*), (*o, e*), (*e, o*), la première lettre se rapportant toujours au premier milieu, c'est-à-dire à celui dans lequel se meuvent les rayons incidents. On sait d'ailleurs qu'en certains points de la surface réfringente, la construction qui donne certains de ces rayons réfractés peut devenir impossible, et leur nombre se réduire à 3, à 2, à 1 et même à 0. Lorsque la lumière émanée d'un point situé dans un milieu homogène biréfringent subit une réflexion, il y a lieu également de distinguer quatre espèces de rayons réfléchis, que nous représenterons par les mêmes notations que dans le cas de la réfraction.

Il faut remarquer que les rayons réfléchis (*o, o*) et (*e, e*) existent toujours, tandis que la construction qui donne les rayons réfléchis (*o, e*) ou (*e, o*) peut devenir impossible; il y a, d'ailleurs, une distinction essentielle à faire entre les rayons réfléchis (*o, o*) et (*e, e*) d'une part, et les rayons réfléchis (*o, e*) et (*e, o*) de l'autre. Pour les rayons du premier groupe, c'est la même nappe de la surface d'onde caractéristique du milieu qui correspond aux rayons incidents et aux rayons réfléchis; pour ceux du second groupe, ce sont deux nappes différentes. Il en résulte, comme cela est aisé à concevoir, que cette dernière espèce de réflexion offre plus d'analogie avec la réfraction qu'avec la réflexion proprement dite. Nous dirons qu'il y a *réflexion homologue* lorsque les rayons incidents et les rayons réfléchis correspondent à une même nappe de la surface d'onde caractéristique du milieu, et qu'il y a *réflexion antilogue* dans le cas contraire. Les rayons (*o, o*) et (*e, e*) sont donc des rayons qui ont subi une réflexion homologue, tandis que les rayons (*o, e*) et (*e, o*) ont éprouvé une réflexion antilogue. Dans les milieux monoréfringents la réflexion est nécessairement toujours homologue.

Lorsque les directions des rayons incidents qui, dans un milieu homogène, tombent sur une surface réfléchissante ou réfringente, concourent en un même point situé *en-deçà* de cette surface, ce point, *qu'il soit ou non celui dont provient la lumière*, portera le nom de *point lumineux réel ;* si le point de concours des rayons incidents est situé au-delà de la surface réfléchissante ou réfringente, nous dirons, pour abréger le langage, que ces rayons émanent d'un *point lumineux virtuel.* Quand tous les rayons réfléchis ou réfractés d'une certaine espèce qui se propagent dans un milieu homogène sont dirigés de façon que ces rayons ou leurs prolongements convergent en un même point, nous nommerons ce point *foyer total ;* si, parmi les rayons réfléchis ou réfractés d'une certaine espèce qui se meuvent dans un milieu homogène, il y en a une infinité, formant une surface conique, qui concourent en un même point ou dont les prolongements concourent en un même point, ce point s'appellera *foyer partiel.* Dans le cas de la réflexion, un foyer, total ou partiel, sera dit réel s'il est en-deçà de la surface réfléchissante, virtuel s'il est au delà ; dans le cas de la réfraction, ce sera l'inverse. S'il existe une série de foyers partiels formant une ligne continue, cette ligne portera le nom de *ligne focale.*

SECTION I. — DES MILIEUX HOMOGÈNES.

A. — *De la propagation de la lumière dans les milieux homogènes en général.*

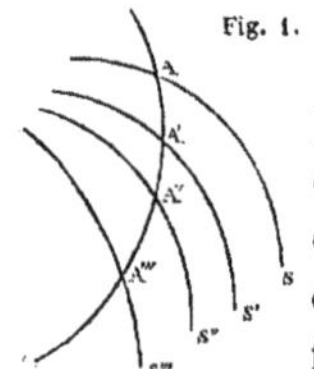

Rappelons d'abord ce que, dans la théorie des ondes, on entend par propagation de la lumière, et comment dans cette théorie on arrive à la notion du rayon lumineux. Soient (fig. 1) S, S', S"... différentes positions occupées successivement dans un milieu quelconque, homogène ou hétérogène, par une onde lumineuse formée d'une nappe unique et continue.

Supposons que sur l'onde S l'intensité du mouvement vibratoire décroisse très-rapidement à partir d'un certain point A, de façon à devenir sensiblement nulle à une distance très-petite de ce point : sur les ondes, S', S"... l'intensité de la lumière présentera également un maximum en certains points A', A"... et décroîtra sur chacune de ces ondes très-rapidement à partir de ces points, de façon à devenir sensiblement nulle à une distance très-petite. Si les ondes sont infiniment rapprochées les unes des autres, les points A', A"... forment une ligne continue, et c'est suivant cette ligne que la lumière est dite se propager à partir du point A, ou, en d'autres termes, cette ligne constitue ce qu'on appelle un *rayon lumineux,* rayon qui peut être curviligne ou rectiligne. Nous avons supposé l'onde S active sur une étendue très-petite autour du point A et non pas sur une

étendue infiniment petite ; car la théorie des ondes nous apprend que, pour qu'il
y ait lieu de considérer un rayon lumineux, c'est-à-dire pour qu'il y ait sensiblement destruction par interférence des mouvements vibratoires, qu'on peut considérer comme émanés du point A situé sur une onde S, dans toutes les directions
sauf une seule, il faut que la partie active de l'onde S ait des dimensions suf-
fisamment grandes par rapport à la longueur d'ondulation, ce qui ne l'empê-
chera pas d'être très-petite d'une manière absolue ; un rayon lumineux n'existe
qu'autant qu'il est associé aux rayons voisins, et, en cherchant à l'isoler, on ne fait
que le détruire, comme le prouvent les phénomènes de diffraction.

Ceci posé, considérons une onde, formée d'une nappe unique et continue, qui se
propage dans un milieu *homogène quelconque ;* cette onde pourra provenir d'un centre
d'ébranlement situé, soit dans le milieu où elle se meut actuellement, soit dans
un autre milieu, homogène ou hétérogène, elle pourra avoir traversé un nombre
quelconque de milieux homogènes ou hétérogènes, et subi un nombre quelconque
de réflexions ; soient (fig. 1) S, S', S″… les positions occupées successivement par
cette onde aux temps T, T, T… comptés à partir d'un instant quelconque ; admettons que, durant l'intervalle de temps pendant lequel nous la considérons,
l'onde se propage dans le milieu homogène sans jamais se réfléchir, ni se réfracter ; le rayon correspondant au système des ondes S, S', S″… qui se propage à
partir du point A, rencontre ces ondes aux points A, A', A″… Si on suppose,
comme nous l'avons fait plus haut, que l'onde S ne soit active que dans le voisinage du point A, la portion active de cette onde pourra être sensiblement con-
fondue avec une onde plane tangente en A à l'onde S, de même les portions
actives des ondes S', S″, S‴… pourront être confondues avec des ondes planes
tangentes respectivement à ces ondes aux points A', A″, A‴…; or, dans un
milieu homogène, une onde plane ne peut se propager qu'en restant parallèle
à elle-même ; donc les plans tangents menés aux ondes S, S', S″… aux points où
ces ondes sont rencontrées par un même rayon sont parallèles entre eux. D'autre
part l'onde S' est l'enveloppe des nappes, de même nature que les ondes S, S', S″…,
des surfaces d'onde caractéristiques du milieu décrites des différents points de
l'onde S comme centres et correspondant au temps T'—T, et, d'après le principe
d'Huyghens, si l'onde S n'est active que dans le voisinage du point A, l'onde S'
ne sera active que dans le voisinage du point où elle touche la surface d'onde
caractéristique décrite du point A comme centre. Il résulte de là qu'aux points
A', A″, A‴…, les ondes S', S″, S‴ sont tangentes aux nappes, de même nature que
ces ondes, des surfaces d'onde caractéristiques décrites du point A comme centre
et correspondant aux temps T'—T, T″—T, T‴—T…; comme les plans tangents
aux ondes S', S″, S‴… aux points A', A″, A‴… sont parallèles entre eux, il en sera
de même des plans tangents menés en ces points aux nappes, de même nature

que les ondes, des surfaces d'onde caractéristiques décrites du point A comme centre. Ces nappes étant des surfaces semblables et semblablement placées par rapport au point A, les plans qui leur sont tangents aux points A′, A″, A‴... ne peuvent être parallèles qu'autant que ces points se trouvent sur une même droite passant par le point A. Ce raisonnement conduit immédiatement aux propositions suivantes :

Théorème I. — *Dans un milieu homogène quelconque la lumière se propage toujours en ligne droite.*

Théorème II. — *Toutes les fois qu'un système de rayons, issus originairement d'un même point et de même espèce, se propage dans un milieu homogène quelconque, les plans tangents menés aux ondes qui correspondent à ces rayons aux points où ces ondes sont rencontrées par un même rayon sont parallèles entre eux.*

Ce théorème est vrai du moment que les rayons se propagent actuellement dans un milieu homogène, qu'ils proviennent d'un point situé dans ce milieu ou d'un point situé dans un autre milieu, homogène ou hétérogène, qu'ils aient traversé un nombre quelconque de milieux homogènes ou hétérogènes, et qu'ils aient subi un nombre quelconque de réflexions. Cette remarque essentielle s'applique à tous les théorèmes sur la propagation de la lumière dans les milieux homogènes.

Théorème III. — *Lorsqu'un système de rayons, issus d'un même point et de même espèce, se propage dans un milieu homogène quelconque, il existe entre la direction du plan tangent à l'onde qui correspond à ces rayons, considérée dans une quelconque des positions qu'elle occupe successivement, et la direction du rayon qui passe par le point de contact une liaison qui est constante dans un même milieu homogène pour des rayons de même nature, et cette liaison est la même que celle qui existe entre la direction du plan tangent à la nappe, de même nature que les rayons, d'une des surfaces d'onde caractéristiques du milieu et la direction du rayon vecteur de cette surface qui passe par le point de contact.*

En effet la construction indiquée plus haut montre que, si un système de rayons, issus d'un même point et de même espèce, se propage dans un milieu homogène, en prenant un point quelconque A sur une onde S correspondant à ces rayons et un point quelconque O sur le rayon qui passe par le point A, l'onde S sera tangente en A à la nappe, de même nature que les rayons, d'une certaine surface d'onde caractéristique du milieu décrite du point O comme centre. Il suit de là que, si d'un point quelconque comme centre, on décrit la nappe, de même nature que les rayons, d'une surface d'onde caractéristique du milieu correspondant à un temps quelconque, et qu'on mène à cette nappe un plan tangent parallèle au plan tangent à l'onde S au point A, la droite qui joint le point de contact au centre de la surface sera parallèle au rayon qui passe par le point A.

Lorsque les rayons qui se propagent dans un milieu homogène sont issus d'un même point et de même espèce, la direction d'un de ces rayons peut donc être déterminée, dès qu'on connaît celle du plan tangent mené à l'une des ondes correspondant au système des rayons au point où elle est rencontrée par ce rayon, et que de plus, si le milieu est biréfringent, la nature des rayons est donnée. Réciproquement, étant données la direction d'un des rayons du système et sa nature, on pourra trouver la direction commune des plans tangents menés aux ondes qui correspondent au système aux points où ces ondes sont rencontrées par ce rayon. Il suffira à cet effet de décrire, d'un point quelconque comme centre, la nappe, de même nature que les rayons, d'une surface d'onde caractéristique du milieu correspondant à un temps quelconque, et de mener un rayon vecteur parallèle au rayon donné : le plan tangent à la nappe au point où elle est rencontrée par ce rayon vecteur aura la direction cherchée.

Nous exprimerons la relation qui, dans un milieu homogène, existe entre la direction d'un rayon et celle du plan tangent à l'onde au point où elle est rencontrée par ce rayon, en disant que ces deux directions sont *conjuguées* l'une à l'autre ; si le milieu est biréfringent, suivant que le rayon est ordinaire ou extraordinaire, nous dirons que les deux directions sont conjuguées ordinairement ou extraordinairement l'une à l'autre. On voit, d'après ce qui précède, que, dans un milieu homogène, connaissant la direction d'une droite, on pourra trouver la direction du plan conjugué ordinairement ou extraordinairement à cette droite, et que réciproquement, étant donnée la direction d'un plan, il sera facile de déterminer la direction de la droite conjuguée ordinairement ou extraordinairement à ce plan. Il peut arriver comme cas particulier que, dans un milieu homogène, les directions des plans conjugués ordinairement et extraordinairement à une même droite se confondent : pour cela il faut et il suffit qu'en décrivant d'un point quelconque comme centre les deux nappes d'une surface d'onde caractéristique du milieu, et en menant un rayon vecteur parallèle à cette droite, les plans tangents aux deux nappes de cette surface aux points où elles sont rencontrées par ce rayon vecteur soient parallèles entre eux : on voit qu'alors, pour tout plan parallèle à ces plans tangents, les directions des droites conjuguées ordinairement et extraordinairement se confondront : nous exprimerons la relation qui existe entre les directions d'un plan et d'une droite qui sont conjuguées à la fois ordinairement et extraordinairement l'une à l'autre, en disant que ces directions sont *doublement conjuguées*. Ainsi, dans un milieu homogène uniaxe, la direction d'une droite parallèle ou perpendiculaire à l'axe du milieu et celle d'un plan perpendiculaire à cette droite sont doublement conjuguées.

Le théorème dont nous venons de préciser le sens est, pour ainsi dire, la clef de la plupart des questions d'Optique géométrique et nous allons en développer les conséquences les plus importantes.

Dans les milieux homogènes isotropes ou uniaxes, les surfaces d'onde caractéristiques ne présentant ni points singuliers, ni plans tangents singuliers, c'est-à-dire ces surfaces n'étant tangentes en chacun de leurs points qu'à un seul plan et chacun des plans tangents à ces surfaces ne les touchant qu'en un seul point, à chaque direction donnée pour le rayon sera conjuguée une direction unique pour le plan tangent à l'onde, la nature du rayon étant assignée, et réciproquement à chaque direction du plan tangent à l'onde sera conjuguée une direction unique pour un rayon de nature donnée. Dans les milieux homogènes biaxes il en sera de même, sauf deux exceptions qui résultent de ce que, dans ces milieux, chaque surface d'onde caractéristique présente quatre points singuliers et quatre plans tangents singuliers. Les quatre points singuliers sont ceux où la surface est tangente à un cône au lieu d'être tangente à un plan ; ils sont disposés deux par deux sur deux droites passant par le centre ; nous appellerons les directions de ces deux droites *directions singulières* du milieu. Les plans tangents singuliers sont ceux qui touchent la surface le long d'une courbe au lieu de la toucher en un point unique.

1° Supposons que, dans un milieu homogène biaxe, un rayon, faisant partie d'un système de rayons issus d'un même point et de même espèce, se propage parallèlement à l'une des directions singulières du milieu : dans ce cas particulier le théorème III se trouve en défaut et ne suffit plus pour déterminer complétement la direction du plan tangent à l'onde au point où elle est rencontrée par ce rayon. Tout ce qu'on peut affirmer, c'est que ce plan tangent est parallèle à l'un des plans tangents au cône qui touche une quelconque des surfaces d'onde caractéristiques du milieu au point singulier situé sur un rayon vecteur parallèle au rayon considéré, et que ce plan tangent reste parallèle à lui-même pendant que l'onde se déplace. En général l'onde ne présente pas de point singulier au point où elle est rencontrée par un rayon parallèle à l'une des directions singulières du milieu ; car, si l'onde doit en ce point toucher une surface d'onde caractéristique du milieu en un de ses points singuliers, il n'en résulte pas qu'elle doive être tangente au cône qui touche en ce point singulier la surface d'onde caractéristique ; il suffit que le plan tangent à l'onde en ce point soit aussi tangent à ce cône. La direction du plan tangent à l'onde au point où elle est rencontrée par un rayon parallèle à l'une des directions singulières du milieu ne peut donc être, en général, déterminée d'une façon complète que lorsqu'on connaît les changements de direction et de nature qu'a subis ce rayon avant de se propager suivant la droite qu'il parcourt actuellement.

Il existe cependant un cas tout à fait spécial, où l'on peut affirmer que le point où l'onde est rencontrée par un rayon parallèle à l'une des directions singulières du milieu est un point singulier; c'est celui où ce rayon provient d'une infinité de rayons, formant une surface conique, qui, en se réfléchissant ou en se réfractant, se sont réunis en un seul : le cône, tangent à l'onde au point où elle est rencontrée par ce rayon, a alors ses génératrices parallèles à celles du cône tangent à l'une des surfaces d'onde caractéristiques du milieu au point singulier situé sur un rayon vecteur parallèle au rayon considéré, et, quand l'onde se propage dans le milieu, son point singulier se déplace en suivant une droite parallèle à l'une des directions singulières du milieu.

2° Dans une quelconque des surfaces d'onde caractéristiques d'un milieu homogène biaxe, à chaque plan tangent singulier sont conjugués une infinité de rayons vecteurs, formant une surface conique et allant aboutir aux différents points de la courbe suivant laquelle ce plan touche la surface. Ceci posé, il est facile de voir que, si, dans un système de rayons issus d'un même point et de même espèce qui se propage dans un milieu homogène biaxe, l'un des rayons est parallèle à l'un des rayons vecteurs qui, dans une quelconque des surfaces d'onde caractéristiques du milieu, sont conjugués à un plan tangent singulier, il y aura dans le système une infinité d'autres rayons parallèles chacun à l'un des rayons vecteurs conjugués à ce même plan tangent singulier : cela est évident quand les rayons émanent directement d'un point lumineux situé dans le milieu; si ces rayons, avant de prendre les directions qu'ils suivent actuellement, ont subi un certain nombre de réflexions et de réfractions, on peut remarquer que, dans la dernière réflexion ou réfraction qui a donné à ces rayons leurs directions actuelles, un rayon incident ayant donné naissance à un rayon réfléchi ou réfracté parallèle à l'un des rayons vecteurs dont nous venons de parler, le plan tangent à la surface d'onde caractéristique du milieu, décrite du point d'incidence comme centre, au point où elle est rencontrée par ce rayon réfléchi ou réfracté, la touche suivant une courbe; donc, d'après la construction d'Huyghens, toutes les droites qui joignent les points de la portion de cette courbe située dans le milieu considéré au point d'incidence sont autant de rayons réfléchis ou réfractés provenant du même rayon incident; ces rayons forment une surface conique, et chaque onde correspondant au système des rayons le long de la courbe suivant laquelle elle est coupée par cette surface conique, est tangente à un même plan, parallèle à l'un des plans tangents singuliers des surfaces d'onde caractéristiques du milieu.

Nous sommes ainsi conduits au théorème suivant :

Théorème IV. — *Lorsque, dans un milieu homogène biaxe, se propage un système de rayons issus d'un même point et de même espèce, si l'on peut mener à l'une quelconque des ondes correspondant à ce système un plan tangent parallèle à l'un des plans tangents singuliers des surfaces d'onde caractéristiques du milieu, ce plan touchera l'onde le long d'une courbe, et les rayons qui passent par les différents points de cette courbe formeront une surface conique, dont le sommet se trouvera sur la surface où ces rayons ont subi la réflexion ou la réfraction qui leur a donné leurs directions actuelles ou au point lumineux si les rayons émanent directement d'un point situé dans le milieu; chacun de ces rayons sera parallèle à l'un des rayons vecteurs qui, dans une quelconque des surfaces d'onde caractéristiques du milieu, sont conjugués au plan tangent singulier de cette surface parallèle au plan tangent singulier de l'onde. Enfin, quand l'onde se propagera dans le milieu, son plan tangent singulier se déplacera en restant parallèle à lui-même.*

Il suit de là que, toutes les fois que dans un milieu homogène biaxe le plan tangent à l'onde est parallèle à l'un des plans tangents singuliers des surfaces d'onde caractéristiques du milieu, la direction du rayon qui passe par le point de contact est indéterminée, en ce sens que ce rayon peut être parallèle à l'un quelconque des rayons vecteurs qui, dans une des surfaces d'onde caractéristiques du milieu, sont conjugués au plan tangent singulier de cette surface parallèle au plan tangent à l'onde.

Dans un milieu homogène uniaxe, les deux nappes d'une surface d'onde caractéristique sont tangentes l'une à l'autre en deux points situés sur une droite passant par le centre commun de ces deux nappes, et dont la direction est ce qu'on appelle l'*axe* du milieu. Concevons, dans un pareil milieu, un système de rayons qui, avant la réflexion ou la réfraction qui leur a donné leurs directions actuelles, étaient de même espèce; à ces rayons correspondra un système d'ondes à deux nappes. Si, parmi ces rayons, il s'en trouve un ou plusieurs qui soient parallèles à l'axe du milieu, il est évident que chacun de ces rayons rencontrera au même point les deux nappes de chaque onde; car suivant la direction de l'axe les vitesses ordinaire et extraordinaire de la lumière sont égales entre elles; toutes les fois qu'une onde est rencontrée par un rayon parallèle à l'axe, le point où ce rayon la traverse est donc commun à ses deux nappes; de plus, en ce point commun les deux nappes de l'onde doivent être tangentes l'une à l'autre, car en ce point le plan tangent à chacune de ces nappes doit être parallèle au plan tangent mené à la nappe de même nature de l'une des surfaces d'onde caractéristiques du milieu au point où elle est rencontrée par l'axe, plan qui est perpendiculaire à l'axe. Donc :

Théorème V. — *Lorsque, dans un milieu homogène uniaxe, se propage un système de rayons issus d'un même point et qui, avant de subir la réflexion ou la réfraction qui leur a donné leurs directions actuelles, étaient de même espèce, les deux nappes de chacune des ondes correspondant à ce système de rayons sont tangentes l'une à l'autre au point où elles sont rencontrées par un rayon parallèle à l'axe du milieu, et le plan tangent commun aux deux nappes de l'onde en ce point est perpendiculaire à l'axe.*

Dans les milieux homogènes isotropes, les rayons vecteurs des surfaces d'onde caractéristiques sont tous normaux à ces surfaces ; il en est de même dans les milieux homogènes uniaxes, si on se borne à considérer les nappes ordinaires des surfaces d'onde caractéristiques. Cette remarque, combinée avec la proposition III, nous permet d'établir un théorème d'une importance capitale :

Théorème VI. — *Lorsque, dans un milieu homogène isotrope, se propage un système de rayons issus d'un même point et de même espèce, ou lorsque, dans un milieu homogène uniaxe, se propage un système de rayons ordinaires issus d'un même point et de même espèce, ces rayons sont toujours normaux à l'onde qui leur correspond, considérée dans une quelconque des positions qu'elle occupe successivement.*

C'est, comme on voit, le théorème de Malus et de M. Ch. Dupin, mais généralisé, en ce sens que les rayons, avant de pénétrer dans le milieu où ils se meuvent actuellement, peuvent avoir traversé des milieux quelconques, homogènes ou hétérogènes, isotropes ou anisotropes, et avoir subi dans ces milieux des réflexions en nombre quelconque sans que le théorème cesse d'être vrai, à condition que les rayons soient issus originairement d'un même point, et que, dans les changements de direction ou de nature qu'ils subissent, ils restent toujours de même espèce.

Le théorème VI nous conduit à ce corollaire : dans un milieu homogène isotrope, les ondes qui correspondent à un système de rayons issus d'un même point et de même espèce forment un système de surfaces, telles que toute droite normale à l'une d'elles est en même temps normale à toutes les autres ; c'est ce qu'on est convenu d'appeler des surfaces parallèles. De même, dans un milieu homogène uniaxe, les ondes qui correspondent à un système de rayons ordinaires issus d'un même point et de même espèce forment un système de surfaces parallèles. Si on considère, au contraire, un système de rayons issus d'un même point et de même espèce, extraordinaires dans un milieu homogène uniaxe, ordinaires ou extraordinaires dans un milieu homogène biaxe, on voit que ces rayons, sauf quelques directions particulières, ne sont plus normaux aux ondes, et que celles-ci, par conséquent, ne constituent plus un système de surfaces parallèles, du moins dans le sens qu’on attache le plus souvent à cette expression. Ces surfaces auront bien leurs plans tangents parallèles en des points situés sur une même droite, mais les droites qui passent par les points de contact des plans tangents parallèles ne seront plus en général normales aux ondes.

La réciproque du théorème VI est vraie, du moins quand on se borne à considérer des milieux homogènes : si, en effet, dans un milieu homogène les rayons sont toujours normaux à l’onde, quelle que soit leur direction, les rayons vecteurs de la surface d’onde caractéristique du milieu, ou du moins de la nappe de cette surface qui correspond aux rayons, devront être tous normaux à cette surface ou à cette nappe, qui par suite sera sphérique. Donc :

Théorème VII. — *Si, dans un milieu homogène, les rayons issus d’un même point et de même espèce sont toujours normaux aux ondes qui leur correspondent, quelle que soit la direction de ces rayons, ce milieu est ou isotrope ou uniaxe, et dans ce dernier cas les rayons normaux aux ondes sont des rayons ordinaires.*

Du théorème III et des différentes propositions que nous en avons déduites comme corollaires, nous pouvons tirer cette conclusion qui résume tous les développements précédents : si, dans un milieu homogène, les ondes qui correspondent à un système de rayons, issus originairement d’un même point et de même espèce, se propageant dans le milieu, ne présentent pas nécessairement la forme des surfaces d’onde caractéristiques du milieu, lorsque ees rayons, avant de prendre les directions qu’ils suivent actuellement, ont eu à subir un certain nombre de réflexions ou de réfractions, du moins la nature de ces surfaces d’onde caractéristiques imprime, pour ainsi dire, un cachet spécial à toutes les ondes qui se meuvent dans le milieu, surtout en ce qui concerne les relations entre les directions des rayons et celles des plans tangents aux ondes, et certaines particularités de ces surfaces d’onde caractéristiques se trouvent reproduites sur toutes les ondes qui peuvent cheminer dans le milieu.

B. — *De la propagation des rayons parallèles et des ondes planes dans les milieux homogènes.*

Nous allons maintenant mettre en évidence plusieurs conséquences du théorème III, relatives au cas où les rayons qui se propagent dans un milieu homogène sont parallèles entre eux. Rappelons d’abord que, dans un milieu homogène quelconque, une onde plane, quelle que soit sa direction, reste toujours, en se déplaçant, plane et parallèle à elle-même.

Théorème VIII. — *Si les rayons issus d'un même point et de même espèce qui se propagent dans un milieu homogène quelconque sont tous parallèles entre eux, l'onde qui correspond à ces rayons est plane dans chacune des positions qu'elle occupe successivement et se déplace en restant parallèle à elle-même.*

En effet, d'après le théorème III, les rayons étant parallèles, le plan tangent à l'onde doit avoir la même direction en tous les points de cette onde, ce qui ne peut avoir lieu qu'autant que l'onde est plane. La direction de l'onde plane est toujours conjuguée à la direction commune des rayons parallèles, ordinairement ou extraordinairement, suivant que ces rayons sont eux-mêmes ordinaires ou extraordinaires ; par suite, si le milieu est isotrope, ou si, le milieu étant uniaxe, les rayons sont ordinaires, le plan de l'onde est toujours perpendiculaire aux rayons parallèles.

Mais, de ce que l'onde plane est perpendiculaire aux rayons, on ne peut pas conclure que le milieu est isotrope, ni même uniaxe, car, même dans les milieux biaxes, il existe trois directions rectangulaires telles que les rayons vecteurs des surfaces d'onde caractéristiques, parallèles à ces directions, soient normaux aux deux nappes de ces surfaces ; et, dans les milieux uniaxes, tous les rayons vecteurs des nappes extraordinaires des surfaces d'onde caractéristiques, perpendiculaires ou parallèles à l'axe du milieu, sont normaux à ces nappes. Donc, de ce que, dans un milieu homogène, se propage un système de rayons tous parallèles entre eux et perpendiculaires aux ondes planes qui leur correspondent, on peut conclure simplement que le milieu est, ou isotrope, ou uniaxe, les rayons étant ordinaires, ou uniaxe, les rayons étant extraordinaires et parallèles ou perpendiculaires à l'axe du milieu, ou biaxe, les rayons étant ordinaires ou extraordinaires et parallèles à l'un des trois axes de symétrie du milieu.

Le théorème VIII souffre une exception, très-particulière il est vrai, mais que cependant nous ne devons pas omettre de signaler : cette exception se présente dans le cas où, le milieu étant biaxe, les rayons sont parallèles à l'une des directions singulières du milieu ; dans ce cas, comme nous l'avons vu, la direction du plan tangent à l'onde peut varier, celle du rayon restant constante, et par suite, bien que les rayons soient parallèles entre eux, l'onde qui leur correspond n'est plus nécessairement plane.

Théorème IX. — *Si, dans un milieu homogène quelconque, l'onde correspondant à un système de rayons issus d'un même point et de même espèce est plane dans une quelconque des positions qu'elle occupe successivement, tous ces rayons sont parallèles entre eux.*

En effet, la direction du plan tangent à l'onde étant constante aux différents points de cette onde, il doit en être de même de la direction des rayons qui passent par ces points.

Ce théorème est soumis, comme le précédent, à une exception très-particulière : si, dans un milieu homogène biaxe, il se propage une onde plane parallèle à l'un des plans tangents singuliers des surfaces d'onde caractéristiques du milieu, cette onde restera bien parallèle à elle-même en se déplaçant, mais les rayons qui lui correspondent ne seront plus tous parallèles entre eux ; ils formeront des surfaces coniques dont les sommets se trouveront sur la surface où ces rayons ont subi leur dernière réflexion ou leur dernière réfraction (théorème IV); les génératrices de tous ces cônes seront parallèles entre elles, et par suite il se propagera dans le milieu une infinité de systèmes de rayons parallèles, chaque système ayant une direction différente, et à tous ces systèmes de rayons correspondra un système unique d'ondes planes et parallèles entre elles.

Au lieu de supposer tous les rayons d'un système parallèles entre eux, on peut imaginer qu'une partie seulement de ces rayons, formant une surface continue, soient parallèles ; on arrive alors aux propositions suivantes :

THÉORÈME X. — *Si, parmi les rayons issus d'un même point et de même espèce qui se propagent dans un milieu homogène quelconque, il s'en trouve une infinité, formant une surface continue, qui soient parallèles entre eux, chacune des ondes qui correspondent au système des rayons sera tangente à un même plan le long de la courbe suivant laquelle elle est coupée par la surface cylindrique que forment les rayons parallèles; ce plan tangent singulier aura une direction conjuguée à celle des rayons parallèles, ordinairement ou extraordinairement, suivant que ces rayons sont ordinaires ou extraordinaires, et se déplacera en restant parallèle à lui-même à mesure que l'onde se propagera.* (Sauf le cas où, le milieu étant biaxe, les rayons sont parallèles à l'une des directions singulières du milieu.)

THÉORÈME XI. — *Si, dans un milieu homogène quelconque, une onde correspondant à un système de rayons issus d'un même point et de même espèce est tangente à un même plan le long d'une ligne continue, à moins que, le milieu étant biaxe, ce plan ne soit parallèle à l'un des plans tangents singuliers des surfaces d'onde caractéristiques du milieu, les rayons qui passent par les différents points de la ligne de contact sont parallèles entre eux et forment une surface cylindrique continue.*

C. — *Des foyers totaux et partiels dans les milieux homogènes.*

Nous allons étudier dans ce paragraphe les conditions qui doivent être remplies pour que, dans un milieu homogène quelconque, un certain nombre de rayons, faisant partie d'un système de rayons réfléchis ou réfractés, c'est-à-dire ayant pris leurs directions actuelles à la suite d'une réflexion ou d'une réfraction, issus d'un même point lumineux et de même espèce, soient dirigés de façon à concourir en un même foyer, réel ou virtuel. Les propositions que nous allons démontrer à ce sujet sont vraies, que le point lumineux soit situé dans le milieu où se meuvent actuellement les rayons ou dans un autre milieu quelconque, homogène ou hétérogène; elles subsistent quels que soient les milieux homogènes ou hétérogènes que les rayons aient traversés, et quelles que soient les réflexions qu'ils aient subies, pourvu que ces rayons soient de même espèce.

Supposons en premier lieu que, parmi les rayons réfléchis ou réfractés issus originairement d'un même point et de même espèce qui se propagent dans un milieu homogène quelconque, il y en ait deux AO et BO, *faisant entre eux un angle infiniment petit* qui aillent concourir en un même foyer O (fig. 2), et considérons d'abord le cas où ce foyer est réel : je dis que les mouvements vibratoires qui se propagent suivant les deux rayons infiniment voisins AO et BO arriveront au point O rigoureusement au même instant, ou, ce qui revient exactement au même, que ces *deux rayons infiniment voisins mettront des temps rigoureusement égaux pour aller du point lumineux au foyer* O. En effet, si ces temps

n'étaient pas rigoureusement égaux, ils ne pourraient différer que d'une quantité infiniment petite, les deux rayons étant infiniment voisins, et, s'il en était ainsi, l'onde correspondant au système dont font partie les deux rayons qui convergent en O, considérée dans la position qu'elle occupe au moment où sur le rayon AO le mouvement vibratoire est parvenu en O, serait rencontrée par le rayon BO en un point C infiniment voisin du point O, d'où il résulterait que le rayon BO serait tangent à cette onde en C, ce qui, d'après le théorème III est évidemment imposssible. Cette démonstration s'étend facilement au cas où le foyer O est virtuel, en supposant le milieu où se meuvent les rayons réfléchis ou réfractés prolongé au-delà de ses limites de façon à comprendre le point O.

Il suit de là que, si on considère l'onde qui correspond au système des rayons réfléchis ou réfractés dans une quelconque de ses positions réelles ou virtuelles, que nous désignerons par Σ, la lumière devant mettre des temps rigoureusement égaux pour aller des points A et B où cette onde est rencontrée par les rayons AO et BO au point O (en supposant, si cela est nécessaire, le milieu où se meuvent les rayons réfléchis ou réfractés prolongé au-delà de ses limites de façon à comprendre le point O et l'onde Σ), les points A et B qui sont infiniment voisins se trouveront sur la nappe, de même nature que les rayons, d'une même surface d'onde caractéristique du milieu décrite du point O comme centre; si, par exemple, le milieu est isotrope, ces deux points se trouveront sur une même sphère ayant son centre en O. Il est facile de voir d'ailleurs qu'en ces points A et B l'onde Σ doit être tangente à la nappe, de même nature que les rayons, de la surface d'onde caractéristique, décrite du point O comme centre, qui passe par ces points : en effet, d'après le théorème III, la direction du plan tangent mené en A par exemple à l'une ou à l'autre de ces deux surfaces devra être conjuguée à celle du rayon OA, ordinairement ou extraordinairement suivant la nature des rayons.

Donc, si parmi les rayons réfléchis ou réfractés issus d'un même point et de même espèce qui se propagent dans un milieu homogène quelconque, il y en a deux, formant entre eux un angle infiniment petit, qui concourent en un même foyer O, réel ou virtuel, l'onde qui correspond à ces rayons, considérée dans une quelconque de ses positions, réelles ou virtuelles, est nécessairement tangente, aux deux points infiniment voisins où elle est rencontrée par les deux rayons qui se croisent en O, à la nappe, de même nature que les rayons, d'une même surface d'onde caractéristique du milieu décrite du point O comme centre.

On peut s'assurer aisément que cette condition nécessaire est aussi suffisante. En effet, si l'onde Σ est tangente en A à la nappe, de même nature que les rayons, d'une surface d'onde caractéristique décrite du point O comme centre, ce point O doit se trouver sur la droite conjuguée, ordinairement ou extraordinairement suivant la nature des rayons, au plan tangent mené en A à l'onde Σ, c'est-à-dire sur le rayon qui passe par le point A ; donc si l'onde Σ est tangente aux points A et B à la nappe, de même nature que les rayons, d'une même surface d'onde caractéristique décrite du point O comme centre, ce point O doit se trouver à la fois sur les rayons qui passent en A et en B, et les directions de ces rayons convergent en O. Nous sommes ainsi amenés à formuler cette proposition fondamentale :

Théorème XII. — Pour que, parmi les rayons réfléchis ou réfractés issus d'un même point et de même espèce qui se propagent dans un milieu homogène quelconque, il y en ait deux, formant entre eux un angle infiniment petit, dont les directions convergent en un même foyer O réel ou virtuel, il faut et il suffit que l'onde qui correspond au système des rayons réfléchis ou réfractés soit tangente, aux points infiniment voisins où elle est rencontrée par ces deux rayons, à la nappe, de même nature que les rayons, d'une même surface d'onde caractéristique du milieu décrite du foyer O comme centre, d'où il suit que si, dans un milieu homogène quelconque, deux rayons réfléchis ou réfractés issus d'un même point et de même espèce, faisant entre eux un angle infiniment petit, convergent en un même foyer réel, ces rayons mettent des temps rigoureusement égaux pour aller du point lumineux à ce foyer et y arrivent, par conséquent, sans différence de phase.

Il faut remarquer que ce théorème cesse d'être vrai si les deux rayons qui aboutissent au foyer O font entre eux *un angle fini,* et que, dans ce cas, en supposant le foyer réel, les deux rayons ne mettent plus nécessairement des temps égaux pour aller du point lumineux au foyer.

Si, parmi les rayons réfléchis ou réfractés issus d'un même point et de même espèce qui se propagent dans un milieu homogène quelconque, il y en a une infinité, formant, soit une surface continue, soit un faisceau solide, qui convergent en un même foyer réel O, comme, d'après le théorème précédent, les temps employés par deux de ces rayons faisant entre eux un angle infiniment petit pour aller du point lumineux au foyer sont rigoureusement égaux, on voit que tous les rayons qui se croisent en ce foyer y arrivent en même temps, et que, par suite, leurs intensités s'ajoutent sans qu'il puisse jamais y avoir interférence : remarque fort utile dans un grand nombre de circonstances, spécialement pour la théorie des lentilles, et qui avait été faite depuis longtemps pour le cas particulier des milieux homogènes isotropes. Nous nous trouvons donc conduits à déduire du théorème XII les deux propositions qui vont suivre :

THÉORÈME XIII. — *Pour que, parmi les rayons réfléchis ou réfractés issus d'un même point et de même espèce qui se propagent dans un milieu homogène quelconque, il y en ait une infinité, formant une surface continue, qui aillent converger en un foyer O réel ou virtuel, il faut et il suffit que l'onde qui correspond au système des rayons réfléchis ou réfractés, considérée dans une quelconque de ses positions réelles ou virtuelles, soit tangente, le long de la courbe suivant laquelle elle est coupée par cette surface, à la nappe, de même nature que les rayons, d'une surface d'onde caractéristique du milieu décrite du foyer partiel O comme centre; d'où il suit que si, dans un milieu homogène quelconque, une infinité de rayons réfléchis ou réfractés issus d'un même point et de même espèce, formant une surface continue, convergent en un même foyer réel, ces rayons mettent des temps rigoureusement égaux pour aller du point lumineux à ce foyer et y arrivent, par conséquent, sans différence de phase.*

Ce théorème peut être regardé comme un corollaire du théorème XII; mais on peut aussi, en ce cas, démontrer que la condition énoncée est nécessaire en suivant une marche un peu différente de celle indiquée plus haut. Soit, en effet, S une certaine position de l'onde, C la courbe suivant laquelle cette onde est coupée par la surface conique que forment les rayons qui se croisent au foyer partiel O : en chacun des points de cette courbe C passe un rayon allant aboutir en O, et, par suite, en chacun de ces points l'onde S doit être tangente à la nappe, de même nature que les rayons, d'une certaine surface caractéristique décrite du point O comme centre ; si cette surface n'était pas la même pour tous les points de la courbe C, l'onde S envelopperait, suivant cette courbe, des nappes de même nature de surfaces d'onde caractéristiques décrites d'un même point O comme centre et correspondant à des temps différents, ce qui est impossible puisque ces nappes seraient extérieures les unes aux autres et ne pourraient se couper. On s'assurera, du reste, à l'aide du raisonnement qui nous a servi a démontrer le théorème XII, que la condition que nous venons de reconnaître nécessaire est aussi suffisante.

Il peut arriver, comme cas particulier, que la surface conique, formée par les rayons dont les directions concourent au foyer partiel O, se réduise à une surface plane : le théorème XIII subsistera alors sans aucune modification.

Remarquons encore que la nappe, de même nature que les rayons, de la surface caractéristique, décrite du foyer partiel O comme centre et correspondant à un certain temps T, se trouve, par suite de l'entre-croisement des rayons en O être tangente à la fois, suivant une courbe continue, à deux ondes, savoir : à celle qui est antérieure de T à l'onde qui passe par le foyer partiel O et à celle qui est postérieure de T à cette même onde ; les deux courbes de contact sont évidemment symétriques par rapport au point O.

Arrivons enfin au cas où tous les rayons du système sont dirigés de façon à concourir en un même foyer, réel ou virtuel, c'est-à-dire où il y a un foyer total. On verrait exactement, comme dans le cas précédent, que l'onde qui correspond au système des rayons doit être dans une quelconque de ses positions, réelles ou virtuelles, tangente en chacun de ses points à la nappe, de même nature que les rayons, d'une même surface d'onde caractéristique décrite du foyer comme centre, ce qui n'est possible qu'autant que l'onde coïncide avec cette nappe. Si l'onde est fermée, c'est-à-dire si les rayons réfléchis ou réfractés remplissent tout l'espace, la nappe de la surface d'onde caractéristique coïncidera dans toute son étendue avec l'onde ; si, au contraire, ces rayons ne remplissent qu'une portion de l'espace, cette nappe ne coïncidera que dans une partie de son étendue avec l'onde. Cette condition nécessaire étant évidemment suffisante d'après les remarques faites dans la démonstration du théorème XII, nous pouvons formuler la proposition suivante qui, d'ailleurs, pouvait être posée comme corollaire de ce théorème sans nouveau raisonnement :

THÉORÈME XIV. — *Pour que tous les rayons réfléchis ou réfractés issus d'un même point et de même espèce qui se propagent dans un milieu homogène quelconque soient dirigés de façon à converger en un foyer total, réel ou virtuel, il faut et il suffit que l'onde qui correspond à ce système de rayons, considérée dans une quelconque de ses positions réelles ou virtuelles, coïncide avec la nappe, de même nature que les rayons, d'une surface d'onde caractéristique du milieu décrite du foyer comme centre ; d'où il suit : 1° que l'onde au moment où elle passe par le foyer total se réduit à un point ; 2° que si dans un milieu homogène quelconque, tous les rayons réfléchis ou réfractés issus d'un même point et de même espèce viennent converger en un même foyer réel, tous ces rayons mettent le même temps pour aller du point lumineux au foyer et y arrivent, par conséquent, sans différence de phase.*

Ce théorème est la base principale de la théorie des surfaces aplanétiques, et nous aurons souvent occasion de l'invoquer. Il avait été démontré depuis long-temps pour le cas particulier des milieux homogènes isotropes en partant des lois de la réflexion et de la réfraction dans ces milieux.

Le théorème XIV nous montre que, pour que les ondes réfléchies ou réfractées qui se propagent dans un milieu homogène quelconque aient la forme que présentent les nappes, de même nature que les rayons réfléchis ou réfractés, des surfaces d'onde caractéristiques du milieu, pour que dans un milieu homogène isotrope, par exemple, ces ondes soient sphériques, il faut et il suffit que tous les rayons réfléchis ou réfractés soient dirigés de façon à concourir en un même foyer réel ou virtuel.

Si du foyer total O comme centre on décrit la nappe, de même nature que les rayons, d'une surface d'onde caractéristique correspondant à un certain temps T, cette nappe coïncidera à la fois avec deux ondes, savoir : avec celle qui est antérieure de T au moment où l'onde se réduit au foyer total et avec celle qui est postérieure de T à ce même moment. Si les rayons réfléchis ou réfractés ne remplissent pas tout l'espace, ces deux ondes coïncideront avec deux parties de la nappe qui seront limitées par deux courbes symétriques par rapport au foyer et pouvant empiéter l'une sur l'autre; mais si les rayons réfléchis ou réfractés, avant d'arriver au foyer, remplissent tout l'espace, comme cela a lieu, par exemple, lorsque des rayons émanés, d'un point lumineux situé dans un milieu homogène limité par une surface fermée, viennent après réflexion converger en un foyer unique, les deux ondes coïncideront chacune avec la nappe de la surface d'onde caractéristique dans toute l'étendue de cette nappe, et par suite coïncideront entre elles.

Nous allons maintenant développer différentes conséquences des deux derniers théorèmes que nous venons de démontrer. Lorsqu'un système de rayons réfléchis ou réfractés issus d'un même point et de même espèce se propage dans un milieu homogène quelconque, il peut se présenter quatre cas :

1° Il n'y a ni foyer total, ni foyer partiel.

2° Il y a un nombre fini de foyers partiels isolés les uns des autres. Nous appellerons alors *lignes aplanétiques,* soit sur la surface réfléchissante ou réfringente, soit sur les ondes qui correspondent au système des rayons réfléchis ou réfractés, les intersections de ces surfaces avec les cônes de rayons qui convergent au même foyer partiel, ces cônes pouvant dans des cas particuliers se réduire à des surfaces planes.

3° Il y a une infinité de foyers partiels formant une ligne continue que nous nommons *ligne focale.* Il existe alors sur la surface réfléchissante ou réfringente, et sur chacune des ondes qui correspondent au système des rayons réfléchis ou réfractés, un système continu de lignes aplanétiques, et le système des rayons se décompose en une infinité de surfaces coniques dont les sommets forment une · ligne continue.

4° Il y a un foyer total, et alors la surface réfléchissante ou réfringente est dite *aplanétique.*

Ce dernier cas vient d'être étudié; nous nous arrêterons quelque temps à examiner celui où il existe une ligne focale. Cette ligne focale peut être, soit tout entière réelle, soit tout entière virtuelle, soit en partie réelle et en partie virtuelle ; mais il y a en outre une distinction essentielle à faire. Soit une ligne focale, réelle ou virtuelle; considérons l'onde réfléchie ou réfractée dans une quelconque de ses positions réelles ou virtuelles : si, pour aller de cette onde aux différents points de la ligne focale, tous les rayons mettent des temps égaux, en supposant, si cela est nécessaire, le milieu où se meuvent les rayons prolongé au-delà de ses limites de façon à comprendre cette onde et la ligne focale tout entière, nous dirons que cette ligne focale est *isochrone;* dans le cas contraire nous l'appellerons *anisochrone.* On voit que, lorsqu'une ligne focale réelle est isochrone, tous les rayons réfléchis ou réfractés mettent le même temps pour aller du point lumineux aux différents points de cette ligne focale, tandis qu'en général, ce sont seulement les rayons convergeant en un même point de la ligne focale réelle qui emploient des temps égaux pour se propager du point lumineux au foyer partiel.

Soit L une ligne focale isochrone dans un milieu homogène quelconque, S une position quelconque, réelle ou virtuelle de l'onde correspondant au système des rayons réfléchis ou réfractés : d'après le théorème XIII, l'onde S doit être tangente, le long d'une courbe, à la nappe, de même nature que les rayons, de surfaces d'onde caractéristiques décrites de chacun des points de la ligne L comme centre. Pour que la ligne focale soit isochrone, il faut que la lumière mette des temps égaux pour aller de l'onde S aux différents points de la ligne L, et par suite que les surfaces d'onde caractéristiques, décrites des différents points de la ligne L comme centres et dont les nappes, de même nature que les rayons, sont tangentes à l'onde S, correspondent au même temps. Réciproquement, si cette condition est remplie, les rayons iront aboutir aux différents points de la ligne L et mettront des temps égaux pour aller de l'onde S à la ligne L qui par suite sera isochrone; donc :

Théorème XV. — *Pour que, des rayons réfléchis ou réfractés issus d'un même point et de même espèce se propageant dans un milieu homogène quelconque, une ligne L soit pour ces rayons une ligne focale isochrone, il faut et il suffit que l'onde qui correspond à ces rayons soit, dans une quelconque de ses positions réelles ou virtuelles, l'enveloppe des nappes, de même nature que les rayons, de surfaces d'onde caractéristiques du milieu, décrites des différents points de la ligne L comme centres et correspondant à un même temps ; d'où il suit que l'onde, dans une certaine position, soit réelle, soit virtuelle, doit se réduire à la ligne focale isochrone.*

Lorsqu'il existe une ligne focale isochrone, chaque onde correspondant au système des rayons réfléchis ou réfractés présente un système continu de lignes aplanétiques.

Pour trouver, sur l'une de ces ondes, la ligne aplanétique qui correspond à un point donné de la ligne focale, il suffit évidemment de décrire, de ce point comme centre, une surface d'onde caractéristique du milieu dont la nappe, de même nature que les rayons, soit tangente à l'onde ; la tangence aura lieu le long d'une ligne qui sera la ligne aplanétique cherchée.

Sur la surface réfléchissante ou réfringente, il est également facile de trouver la ligne aplanétique qui correspond à un point donné A de la ligne focale isochrone : en effet, comme, dans une de ses positions, l'onde se réduit à cette ligne, en menant les droites dont les directions sont conjuguées, ordinairement ou extraordinairement suivant la nature des rayons, à celles des plans tangents à la ligne focale en A, on a les rayons qui convergent en A ; ces rayons forment une surface conique (pouvant, dans des cas particuliers, se réduire à une surface plane), dont l'intersection avec la surface réfléchissante ou réfringente est la ligne aplanétique demandée.

Si le milieu est isotrope, ou si, le milieu étant uniaxe, les rayons sont ordinaires, les rayons qui convergent en un même point A de la ligne focale isochrone doivent être perpendiculaires aux plans tangents à la ligne focale, en A, et par suite à la tangente menée à cette ligne par le point A ; ils sont donc tous contenus dans un même plan qui est le plan normal à la ligne focale en A, d'où le théorème suivant :

Théorème XVI. — *Si, dans un milieu homogène isotrope, ou, les rayons étant ordinaires, dans un milieu homogène uniaxe, des rayons issus d'un même point et de même espèce donnent naissance à une ligne focale isochrone, ceux de ces rayons dont les directions convergent en un même point, réel ou virtuel, de cette ligne sont contenus dans un même plan normal à la ligne focale, et, par suite, les lignes aplanétiques, tant sur la surface réfléchissante ou réfringente que sur chacune des ondes qui correspondent au système des rayons, sont planes.*

3

Quand il existe une ligne focale anisochrone, l'onde, dans une quelconque de ses positions réelles ou virtuelles, est encore l'enveloppe des nappes, de même nature que les rayons, de surfaces d'onde caractéristiques du milieu, décrites des différents points de la ligne focale comme centres ; mais ces surfaces d'onde caractéristiques ne correspondent plus à des temps égaux. Pour obtenir, dans ce cas, sur l'une des ondes qui correspondent au système des rayons réfléchis ou réfractés, la ligne aplanétique relative à un point donné de cette ligne focale, il suffit encore de décrire, de ce point comme centre, une surface d'onde caractéristique dont la nappe, de même nature que les rayons, soit tangente à l'onde ; la tangence aura lieu le long d'une ligne qui sera la ligne aplanétique demandée. Cette construction est évidemment applicable au cas où il existe un ou plusieurs foyers partiels isolés.

Lorsque la ligne focale est anisochrone, l'onde, dans aucune de ses positions, soit réelles, soit virtuelles, ne se réduit à cette ligne ; elle passe donc successivement par les différents points de cette ligne. Considérons l'onde dans la position, réelle ou virtuelle, où elle passe par un point A d'une ligne focale anisochrone : d'après le théorème XIII, tous les rayons qui convergent en A, arrivent en même temps en ce point ; au point A l'onde devra donc être tangente à la fois à tous les plans conjugués, ordinairement ou extraordinairement suivant la nature des rayons, aux rayons qui aboutissent en A, et par conséquent au cône qui enveloppe tous ces plans ; l'onde présentera donc en A ce qu'on appelle un point singulier. Il n'y a d'exception à cette règle que dans un cas très-particulier ; c'est celui où, le milieu étant biaxe, chacun des rayons qui convergent en A est parallèle à l'un des rayons vecteurs dont les directions, dans les surfaces d'onde caractéristiques de ce milieu, sont conjuguées à celles des plans tangents singuliers de ces surfaces. Tout ce que nous venons de dire s'applique évidemment au cas où l'onde passe par un foyer partiel isolé.

Réciproquement, si l'onde, dans une quelconque de ses positions réelles ou virtuelles, présente en A un point singulier, on peut affirmer que ce point A est un foyer partiel isolé, ou un point appartenant à une ligne focale anisochrone ; car aux plans tangents à l'onde en A sont alors conjugués une infinité de rayons, formant une surface conique. Ici encore la règle générale présente une exception très-particulière. En effet, si, le milieu étant biaxe, le cône tangent à l'onde en A a ses génératrices parallèles à celles du cône tangent à l'une des surfaces d'onde caractéristiques en un de ses points singuliers, à tous les plans tangents à l'onde en A sera conjuguée une direction unique, qui sera l'une des directions singulières du milieu ; il ne passera donc en A qu'un rayon unique, mais ce rayon, d'après une remarque faite précédemment, sera constitué par la superposition d'une infinité de rayons réfléchis ou réfractés, provenant d'un cône de rayons incidents. Nous pouvons donc énoncer le théorème suivant :

Théorème XVII. — *Toutes les fois que, dans un milieu homogène quelconque, l'onde correspondant à un système de rayons issus d'un même point et de même espèce passe par un foyer partiel, réel ou virtuel, ne faisant pas partie d'une ligne focale isochrone, elle présente en ce foyer un point singulier, ou, si le milieu est biaxe, le plan tangent à l'onde mené par ce foyer est parallèle à l'un des plans tangents singuliers des surfaces d'onde caractéristiques du milieu. Réciproquement, toutes les fois que l'onde, dans une quelconque de ses positions réelles ou virtuelles, présente un point singulier, ce point singulier est un foyer partiel n'appartenant pas à une ligne focale isochrone, à moins que, le milieu étant biaxe, le cône tangent à l'onde en ce point singulier n'ait ses génératrices parallèles à celles du cône tangent à l'une des surfaces d'onde caractéristiques du milieu en un de ses points singuliers.*

De ce théorème résulte une construction très-simple pour trouver sur la surface réfléchissante ou réfringente la ligne aplanétique qui correspond à un foyer partiel isolé, ou à un point d'une ligne focale anisochrone; en effet, sauf l'exception signalée plus haut, l'onde au point donné sera tangente à un cône ; si on mène par ce point les droites dont les directions sont conjuguées, ordinairement ou extraordinairement suivant la nature des rayons, à celles des plans tangents à ce cône, ces droites formeront une surface conique dont l'intersection avec la surface réfléchissante ou réfringente sera la ligne aplanétique demandée. Si, en particulier, le milieu est isotrope, ou si, le milieu étant uniaxe, les rayons sont ordinaires, le cône dont nous venons de parler aura ses génératrices perpendiculaires à celles du cône tangent à l'onde au foyer partiel.

En résumé, un système de rayons issus d'un même point et de même espèce se propageant dans un milieu homogène quelconque.

1° Si l'onde qui correspond à ces rayons, considérée dans toutes les positions réelles et virtuelles qu'elle occupe successivement, ne se réduit jamais, ni à un point, ni à une ligne, et que, dans aucune de ses positions, elle ne présente de point singulier, il n'y a ni foyer total, ni foyer partiel (à moins que, le milieu étant biaxe, une infinité de rayons incidents, formant une surface, ne donnent naissance à une infinité de faisceaux coniques de rayons réfléchis ou réfractés, qui, en s'entre-croisant, peuvent donner lieu à des foyers partiels sans que l'onde présente de point singulier) ;

2° Si l'onde, sans jamais se réduire, ni à une ligne, ni à un point, présente, dans une ou plusieurs positions isolées, un ou plusieurs points singuliers, ces points singuliers sont autant de foyers partiels isolés (toutefois, si le milieu est biaxe, les points singuliers de l'onde où le cône tangent à l'onde a ses génératrices parallèles à celles du cône tangent à l'une des surfaces d'onde caractéristiques du milieu en un de ses points singuliers, sont la reproduction des points singuliers de ces surfaces d'onde caractéristiques et n'accusent pas l'existence de foyers partiels);

3° Si l'onde, sans jamais se réduire, ni à une ligne, ni à un point, présente un point singulier dans une série continue de positions, la ligne que décrit ce point est une ligne focale anisochrone (sauf l'exception indiquée dans le cas précédent);

4° Si l'onde, dans une certaine position, soit réelle, soit virtuelle, se réduit à une ligne, cette ligne est une ligne focale isochrone;

5° Si l'onde, dans une certaine position, soit réelle, soit virtuelle, se réduit à un point, ce point est un foyer total.

D. — De la construction générale des ondes réfléchies ou réfractées.

Soient deux milieux homogènes quelconques, séparés par une surface continue; supposons que, dans l'un de ces milieux, se propage un système de rayons de même espèce, issus originairement d'un point lumineux situé dans ce milieu ou dans un autre milieu quelconque, homogène ou hétérogène : à ce système de rayons correspond un système d'ondes, que nous nommerons ondes incidentes, et, comme les rayons sont de même espèce, chaque onde incidente est formée d'une nappe unique et continue. Lorsque les rayons incidents viennent à rencontrer la surface de séparation des deux milieux, la lumière se divise en deux parties, dont l'une rebrousse chemin dans le premier milieu et est dite réfléchie, tandis que l'autre pénètre dans le second milieu, s'il est transparent, et est dite réfractée.

Ceci posé, considérons l'onde incidente dans une certaine position S, où elle coupe la surface de séparation des deux milieux, et proposons-nous de trouver la position de l'onde réfléchie ou réfractée au bout d'un temps donné T. Le principe d'Huyghens nous fournira la solution de ce problème fondamental. Supposons qu'il s'agisse d'abord de l'onde réfractée : des différents points de la courbe, suivant laquelle l'onde S coupe la surface réfringente, comme centres, nous décrirons des surfaces d'onde caractéristiques du second milieu correspondant au temps T; nous chercherons ensuite l'intersection de l'onde incidente postérieure de τ à l'onde S avec la surface réfringente, et, des différents points de cette courbe comme centres, nous décrirons des surfaces d'onde caractéristiques du second milieu correspondant au temps T — τ. Nous donnerons à τ toutes les valeurs positives comprises entre zéro et T, et toutes les valeurs négatives comprises depuis zéro jusqu'à une certaine valeur limite, pour laquelle l'onde incidente devient tangente à la surface réfringente et cesse de la couper; l'enveloppe des portions des surfaces d'onde caractéristiques du second milieu, ainsi décrites des différents points de la surface réfringente comme centres, qui sont situées dans le second milieu, est l'onde réfractée au bout du temps T. En d'autres termes, de chaque point de la surface réfringente comme centre, on décrit une surface d'onde caractéristique du second milieu correspondant au temps T—τ, τ étant l'intervalle qui s'écoule entre le moment où l'onde incidente passe par la position S prise pour origine, et celui où elle passe par le point considéré, et ce temps τ étant pris positivement ou négativement, suivant que le premier de ces deux moments est antérieur ou postérieur au second; l'enveloppe des portions, situées dans le second milieu, de toutes ces surfaces d'onde caractéristiques est l'onde réfractée demandée. Une construction absolument semblable à la précédente donne la position de l'onde réfléchie au bout du temps T; mais dans ce cas les surfaces d'onde caractéristiques, qu'on doit décrire des différents points de la surface réfléchissante comme centres, sont celles du premier milieu, et c'est l'enveloppe des portions situées dans le premier milieu de ces surfaces d'onde caractéristiques qui est l'onde réfléchie cherchée.

Si le second milieu est biréfringent dans le cas de la réfraction, si le premier milieu est biréfringent dans le cas de la réflexion, l'onde réfléchie ou réfractée aura, en général, deux nappes, ce qui signifie qu'à un système de rayons incidents de même espèce correspondent alors, en général, deux systèmes distincts de rayons réfléchis ou réfractés, qui doivent être considérés comme d'espèces différentes. Il faut remarquer, du reste, que le nombre des systèmes de rayons qui se propagent dans un milieu homogène quelconque peut être inférieur au nombre de nappes que présente chacune des ondes qui correspondent à ces rayons : si, par exemple, la lumière émane d'un point situé dans un milieu biréfringent, il y aura un système unique de rayons auquel correspondront des ondes à deux nappes; mais, dans ce cas, les rayons étant à la fois ordinaires et extraordinaires, le système qu'ils forment doit être considéré comme la superposition de deux systèmes d'espèces différentes, ce qui explique pourquoi les ondes ont deux nappes, et aussi pourquoi chacun de ces rayons peut, en se réfléchissant, donner naissance à quatre rayons réfléchis, et, en se réfractant, à quatre rayons réfractés, si le second milieu est biréfringent.

Revenons maintenant au cas général : soit un rayon incident qui rencontre la surface de séparation au point A, pour avoir les directions des rayons réfléchis ou réfractés qui proviennent de ce rayon incident, il faut chercher les points où la surface d'onde caractéristique décrite du point A comme centre touche l'enveloppe commune, c'est-à-dire l'onde réfléchie ou réfractée, et joindre ces points au point A. Dans le cas de la réflexion, on obtiendra par cette construction un rayon réfléchi unique, si le premier milieu est monoréfringent, et on pourra en trouver deux, si ce milieu est biréfringent. Dans le cas de la réfraction, cette construction ne fournira jamais plus d'un rayon réfracté, si le second milieu est monoréfringent, mais pourra en donner deux si ce milieu est biréfringent.

Il peut arriver que la surface d'onde caractéristique, décrite, dans la construction dont nous nous occupons, d'un certain point de la surface de séparation comme centre, soit intérieure ou extérieure à toutes celles décrites des autres points de cette surface comme centres, et ne touche pas l'enveloppe commune de ces surfaces; si ces surfaces d'onde caractéristiques ont deux nappes, la nappe ordinaire de l'une d'entre elles pourra être intérieure ou extérieure aux nappes ordinaires de toutes les autres, sans que pour cela la nappe extraordinaire de cette surface soit intérieure ou extérieure aux nappes extraordinaires de toutes les autres, et réciproquement. Supposons d'abord qu'il s'agisse d'une réfraction : si, le second milieu étant monoréfringent, la surface d'onde caractéristique, décrite d'un certain point A de la surface réfringente comme centre, ne touche pas l'enveloppe commune, cela indique qu'il n'y a pas de réfraction en A, et que, par suite, le rayon incident qui aboutit en A subit en ce point une réflexion totale; si le second milieu est biréfringent, lorsqu'une des nappes de la surface d'onde caractéristique, décrite du point A comme centre, ne touche pas l'enveloppe commune, il faut en conclure que le rayon incident qui arrive en A ne donne naissance qu'à un seul rayon réfracté; mais, si aucune des deux nappes de cette surface d'onde caractéristique ne touche l'enveloppe commune, il n'y a pas de rayon réfracté et le rayon incident se réfléchit totalement en A. Passons maintenant au cas de la réflexion : si le premier milieu est monoréfringent, aucune des surfaces d'onde caractéristiques, décrites des différents points de la surface réfléchissante comme centres ne peut être extérieure ou intérieure à toutes les autres, et, par suite, à chaque rayon incident correspond toujours un rayon réfléchi unique; si le premier milieu est biréfringent, la nappe, de même nature que les rayons incidents, de chacune des surfaces d'onde caractéristiques, décrites des différents points de la surface réfléchissante comme centres, touche toujours l'enveloppe commune, et par suite, à chaque rayon incident correspond toujours au moins un rayon réfléchi, qui sera le rayon (o,o) ou le rayon (e,e), suivant que le rayon incident est ordinaire ou extraordinaire; mais l'autre rayon réfléchi, le rayon (o,e) ou (e,o), pourra manquer, et manquera en effet, si la nappe de la surface d'onde caractéristique décrite du point d'incidence comme centre, qui est de nature différente de celle des rayons, ne touche pas l'enveloppe commune.

Nous allons actuellement déduire de la construction générale de l'onde réfléchie ou réfractée plusieurs conséquences qui pourront nous être utiles par la suite.

I. — La construction de l'onde réfléchie ou réfractée montre immédiatement que la surface réfléchissante ou réfringente peut être considérée comme le lieu des intersections des ondes incidentes avec les ondes réfléchies ou réfractées correspondant au même temps. Cette remarque va nous permettre de résoudre le problème suivant : étant données une position réelle S de l'onde incidente et une position également réelle S' de l'onde réfléchie ou réfractée ou d'une des nappes de cette onde, si elle en a deux, et connaissant de plus le temps T que met la lumière pour aller de l'onde S à l'onde S', trouver la surface réfléchissante ou réfringente. Il s'agit uniquement de déterminer les ondes incidentes et les ondes réfléchies ou réfractées qui correspondent au même temps. Soit une onde incidente postérieure de τ à l'onde S, l'onde réfléchie ou réfractée qui correspond au même temps sera antérieure de T—τ à l'onde S', si τ est compris entre zéro et T, postérieure de τ—T à l'onde S', si τ est plus grand que T ; soit maintenant une onde incidente antérieure de τ à l'onde S, l'onde réfléchie ou réfractée qui correspond au même temps sera antérieure de T+τ à l'onde S'. En définitive, la surface réfléchissante ou réfringente est donc le lieu des intersections des ondes incidentes séparées de l'onde S par un intervalle de temps τ avec les ondes réfléchies ou réfractées séparées de l'onde S' par un intervalle de temps T — τ, en convenant que l'onde incidente doit être regardée comme postérieure ou comme antérieure à l'onde S, suivant que τ est positif ou négatif et que l'onde réfléchie ou réfractée doit être considérée comme postérieure ou comme antérieure à l'onde S' suivant que T—τ est négatif ou positif ; on devra, d'ailleurs, donner à τ toutes les valeurs pour lesquelles il y a intersection entre l'onde incidente et l'onde réfléchie ou réfractée. Le problème est impossible lorsque, pour aucune valeur de τ, il n'y a intersection entre ces ondes. Il est clair, du reste, que, les positions réelles S et S' étant données, le problème n'est possible qu'autant que la valeur du temps T que met la lumière pour aller d'une de ces ondes à l'autre ne dépasse pas une certaine limite, car ce temps ne peut jamais devenir infini, à moins que l'une des ondes ne soit elle-même à l'infini. Si l'on donne à T toutes les valeurs pour lesquelles le problème est possible, on aura le système des surfaces réfléchissantes ou réfringentes qui peuvent transformer l'onde incidente S dans l'onde réfléchie ou réfractée S'.

Comme cas particulier, on peut supposer que les ondes S et S' se réduisent chacune à un point, c'est-à-dire chercher les surfaces réfléchissantes ou réfringentes qui font converger en un point donné les rayons émanés d'un point lumineux également donné ; ces surfaces reçoivent, comme nous avons déjà eu occasion de le dire, la qualification d'aplanétiques, et leur théorie complète exige des développements spéciaux, qui feront l'objet de la seconde partie de ce travail.

II. — La construction bien connue indiquée, par Huygens, pour déterminer la direction du rayon réfléchi ou réfracté, connaissant celle du rayon incident et aussi celle du plan tangent à la surface réfléchissante ou réfringente au point d'incidence, peut se déduire facilement de la construction générale de l'onde réfléchie ou réfractée. Il suffit, pour cela, d'imaginer que le rayon incident fasse partie d'un système de rayons parallèles de même espèce, que la surface de séparation soit plane, et que sa direction soit celle du plan tangent à la surface réfléchissante ou réfringente réelle au point d'incidence, hypothèses qui n'al-

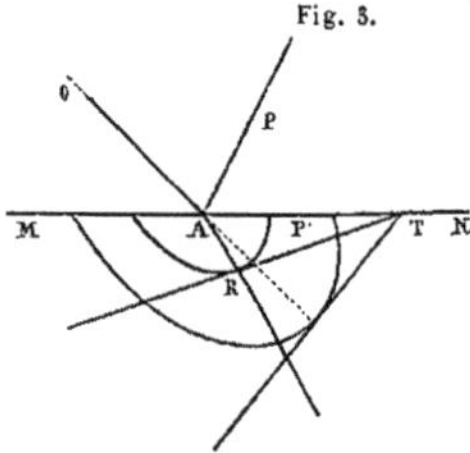

téreront en rien la direction du rayon réfléchi ou réfracté ; l'onde incidente sera alors plane ainsi que l'onde réfléchie ou réfractée. Soient (fig. 3) OA le rayon incident, P l'onde plane incidente passant par le point A, P' la position de l'onde plane réfléchie ou réfractée au bout d'un temps égal à l'unité, compté à partir du moment où l'onde incidente occupe la position P : l'onde P' sera tangente à la nappe, de même nature que les rayons auxquels correspond cette onde P', de la surface d'onde caractéristique du premier ou du second milieu, suivant qu'il s'agit d'une réflexion ou d'une réfraction, décrite du point A comme centre et correspondant à l'unité de temps, et en joignant le point de contact au point A on aura le rayon réfléchi ou réfracté cherché. De plus le plan P' coupe la surface plane réfléchissante ou réfringente suivant la même droite que l'onde incidente, considérée dans la position qu'elle occupe au bout de l'unité de temps : pour trouver cette position de l'onde incidente il suffit évidemment de décrire du point A comme centre la nappe, de même nature que les rayons incidents, de la surface d'onde caractéristique du premier milieu correspondant à l'unité de temps, et de mener à la portion de cette nappe qui est comprise dans le second milieu un plan tangent parallèle au plan P, ou, ce qui revient exactement au même, de prolonger le rayon incident OA jusqu'à sa rencontre avec cette nappe, et de mener à cette nappe au point où elle est rencontrée par le rayon incident prolongé un plan tangent, qui sera nécessairement parallèle au plan P. Nous arrivons ainsi à la construction suivante qui n'est autre que celle d'Huyghens.

Étant donnée la direction d'un rayon incident, et de plus sa nature si le milieu où il se meut est biréfringent, et connaissant la direction du plan tangent à la surface réfléchissante ou réfringente au point d'incidence, pour trouver les directions des rayons réfléchis ou réfractés provenant de ce rayon incident, du point d'incidence comme centre on décrira les surfaces d'onde Σ et Σ' caractéristiques du premier et du second milieu et correspondant à l'unité de temps ; on prolongera le rayon incident ; par le point de rencontre de ce rayon incident prolongé avec la surface Σ, si le premier milieu est monoréfringent, avec celle des nappes de la surface Σ qui est de même nature que lui, si, le premier milieu étant biréfringent, le rayon incident est seulement ordinaire ou seulement extraordinaire, on mènera un plan tangent à cette surface ou à cette nappe ; si, le premier milieu étant biréfringent, le rayon incident est à la fois ordinaire et extraordinaire, on mènera par les points, où ce rayon prolongé rencontre les deux nappes de la surface Σ, des plans tangents à ces deux nappes ; pour avoir les rayons réfractés, par la droite ou par les droites d'intersection de ce plan tangent ou de ces plans tangents avec le plan tangent à la surface de séparation au point d'incidence, on mènera autant de plans tangents qu'il sera possible à la partie de la surface Σ' qui est comprise dans le second milieu, et on joindra les points de contact au point d'incidence ; pour avoir les rayons réfléchis, on mènera par les mêmes droites d'intersection autant de plans tangents qu'il sera possible à la partie de la surface Σ qui est comprise dans le premier milieu, et on joindra les points de contact au point d'incidence.

Nous ne nous arrêterons pas à discuter les conséquences connues qui résultent de cette construction lorsqu'un des milieux étant biaxe, la surface Σ ou la surface Σ' présente des points singuliers et des plans tangents singuliers. Les phénomènes particuliers qui peuvent alors se produire pour certaines directions du rayon incident ont été étudiés avec soin, au point de vue théorique par M. Hamilton et expérimentalement par M. Lloyd, et constituent ce qu'on est convenu d'appeler la réfraction conique intérieure ou extérieure.

Mais nous devons faire remarquer que la construction d'Huyghens permet, en général, étant données la direction d'un rayon incident et celle d'un rayon réfléchi ou réfracté provenant de ce rayon incident, étant connue de plus la nature de chacun de ces rayons si le milieu dans lequel il se propage est biréfringent, de déterminer la direction du plan tangent à la surface réfléchissante ou réfringente au point d'incidence. A cet effet, du point d'incidence comme centre, on décrira la surface d'onde Σ caractéristique du premier milieu et correspondant à l'unité de temps, s'il s'agit d'une réflexion, les surfaces d'onde Σ et Σ' caractéristiques du premier et du second milieu et correspondant à l'unité de temps, s'il s'agit d'une réfraction ; par le point, où le rayon incident prolongé rencontre la surface Σ, ou, si le premier milieu est biréfringent, celle des nappes de cette surface qui est de même nature que lui, on mènera un plan tangent P à cette surface ou à cette nappe ; par le point où le rayon réfléchi rencontre la surface Σ, ou, si le premier milieu est biréfringent, la nappe de cette surface qui est de même nature que lui, ou bien par le point où le rayon réfracté rencontre la surface Σ', ou, si le second milieu est biréfringent, la nappe de cette surface qui est de même nature que lui, on mènera un plan tangent P' à cette surface ou à cette nappe : enfin par la droite d'intersection des plans P et P′ et par le point d'incidence on fera passer un plan qui sera le plan cherché. Si les deux plans tangents P et P′ sont parallèles entre eux, le plan demandé sera parallèle à ces deux plans ; la droite d'intersection des deux plans P et P′ ne pouvant d'ailleurs jamais passer par le point d'incidence, la construction que nous venons d'indiquer donnera toujours un plan, et un seul, sauf le cas particulier où, l'un des deux milieux étant biaxe, le rayon incident ou le rayon réfléchi, si c'est le premier milieu, le rayon réfracté, si c'est le second, rencontre la surface d'onde caractéristique de ce milieu en un de ses points singuliers. Bien que, en laissant de côté cette exception, on trouve toujours un plan et un seul passant par l'intersection des plans P et P′ et par le point d'incidence, le problème n'est possible, quelles que soient les deux directions données pour les rayons, que s'il s'agit d'une réflexion homologue ; s'il y a réflexion antilogue ou réfraction, le problème peut devenir impossible dans certains cas : c'est ce qui arrivera pour la réfraction, si le plan déterminé par la construction indiquée plus haut est compris dans l'angle formé par le rayon incident prolongé et par le rayon réfracté, et, pour la réflexion antilogue, si ce plan est compris dans l'angle formé par le rayon incident et par le rayon réfléchi ; nous développerons ce point en parlant des surfaces aplanétiques.

III. — La construction d'Huyghens montre qu'il y a toujours réciprocité entre les rayons incidents, d'une part, et les rayons réfléchis ou réfractés, de l'autre, proposition qui doit être entendue en ce sens que, si on imagine dans le premier ou dans le second milieu, suivant qu'il s'agit d'une réflexion ou d'une réfraction, un système de rayons incidents dirigés suivant les mêmes droites que les rayons réfléchis ou réfractés, mais en sens inverse, et de même nature qu'eux, les rayons réfléchis ou réfractés qui proviendront de ces derniers rayons incidents et qui seront de même nature que les premiers rayons incidents prendront les directions de ceux-ci, mais en se propageant en sens inverse.

IV. — On voit encore facilement que, si la surface de séparation de deux milieux homogènes est plane, et si les rayons incidents appartenant à un même système sont tous parallèles entre eux, chacun des systèmes de rayons réfléchis ou réfractés, auxquels donneront naissance ces rayons incidents, sera formé de rayons tous parallèles entre eux. Réciproquement, si les rayons incidents étant parallèles entre eux, l'un des systèmes de rayons réfléchis ou réfractés qui en proviennent est constitué par des rayons tous parallèles entre eux, le plan tangent à la surface de séparation des deux milieux doit conserver une direction constante en tous les points de cette surface, et, par suite, cette surface doit être plane ; donc :

Théorème XVIII. — *Pour que la surface de séparation de deux milieux homogènes quelconques soit plane, il faut et il suffit qu'un quelconque des systèmes de rayons réfléchis ou réfractés se propageant dans l'un des milieux et provenant d'un système de rayons issus d'un même point, de même espèce et tous parallèles entre eux, soit formé de rayons tous parallèles entre eux.*

Si le milieu dans lequel se meuvent les rayons incidents est biaxe, et si les rayons incidents parallèles qui se propagent dans ce milieu sont parallèles à l'une des directions singulières du milieu, chacun de ces rayons, en se réfléchissant ou en se réfractant, donnera naissance à un faisceau conique de rayons; mais si la surface de séparation est plane, ces cônes de rayons réfléchis ou réfractés auront leurs génératrices respectivement parallèles entre elles, et on pourra dire que le système des rayons incidents donne naissance à une infinité de systèmes de rayons réfléchis ou réfractés, dont chacun est formé de rayons parallèles entre eux, de telle sorte que le théorème précédent ne se trouve pas en défaut dans ce cas particulier.

V. — Nous allons nous occuper maintenant de chercher la direction du rayon incident qui, en un point donné de la surface de séparation de deux milieux homogènes quelconques, se réfléchit en revenant sur lui-même ou se réfracte sans déviation.

Supposons d'abord qu'il s'agisse d'une réflexion homologue; si un rayon se réfléchit alors de façon à revenir sur lui-même, la construction indiquée plus haut pour trouver la direction du plan tangent à la surface réfléchissante au point d'incidence, nous fait voir immédiatement que ce plan tangent est parallèle au plan tangent mené à la surface d'onde caractéristique du premier milieu, décrite du point d'incidence comme centre et correspondant à l'unité de temps, ou, si le premier milieu est biréfringent, à celle des nappes de cette surface qui est de même nature que le rayon incident, au point où cette surface ou cette nappe est rencontrée par le rayon incident prolongé; la construction d'Huyghens montre d'ailleurs que cette condition est suffisante; donc :

Théorème XIX. — *Pour qu'un rayon qui se propage dans un milieu homogène quelconque se réfléchisse en revenant sur lui-même, la réflexion étant homologue, il faut et il suffit que le plan tangent à la surface réfléchissante au point d'incidence ait une direction conjuguée à celle du rayon, ordinairement ou extraordinairement suivant la nature de ce rayon.*

Si le milieu est isotrope, ou s'il est uniaxe, le rayon étant ordinaire, pour qu'un rayon revienne sur lui-même par suite d'une réflexion homologue, il faut et il suffit, d'après le théorème précédent, que ce rayon soit normal à la surface réfléchissante au point d'incidence.

Passons au cas de la réfraction : on peut se proposer, étant données la direction d'un rayon incident et sa nature, ainsi que la nature du rayon réfracté, de trouver la direction que doit avoir le plan tangent à la surface réfringente au point d'incidence, pour que le rayon incident et le rayon réfracté soient sur le prolongement l'un de l'autre, ou, en d'autres termes, pour que le rayon incident pénètre dans le second milieu sans se briser. La construction d'Huyghens nous fournira encore la solution de ce problème : d'un point quelconque O comme centre, on décrira les nappes Σ et Σ' des surfaces d'onde caractéristiques des deux milieux correspondant à l'unité de temps, qui sont respectivement de même nature que le rayon incident et que le rayon réfracté ; par le point O on mènera une droite parallèle à la direction donnée pour le rayon incident ; par les points où cette droite rencontre du même côté du point O les nappes Σ et Σ', on mènera deux plans tangents P et P' à ces deux nappes ; enfin par la droite d'intersection des plans P et P' et par le point O on fera passer un plan dont la direction sera la direction cherchée. On voit que ce problème comporte toujours une solution, et une seule.

Inversement on peut donner la direction du plan tangent à la surface réfringente au point d'incidence, la nature du rayon incident et celle du rayon réfracté, et demander la direction que doit avoir ce rayon incident pour pénétrer dans le second milieu sans se briser. Pour répondre à cette question, on décrira encore, d'un point quelconque O comme centre, les surfaces Σ et Σ' ; on mènera par le point O un plan parallèle au plan tangent donné, et on cherchera sur ce plan une droite, telle que les plans tangents, menés par cette droite aux parties des surfaces Σ et Σ' qui se trouvent d'un même côté de ce plan, touchent ces surfaces en deux points qui soient en ligne droite avec le point O ; la droite qui passe par le point O et par les deux points de contact aura la direction du rayon cherché.

Il résulte de la première construction que, si les nappes des surfaces d'onde caractéristiques des deux milieux qui correspondent respectivement au rayon incident et au rayon réfracté, sont semblables et semblablement placées, les plans tangents, menés aux surfaces Σ et Σ' aux points où ces surfaces sont rencontrées par une même droite, étant parallèles entre eux, lorsque le rayon incident et le rayon réfracté sont en ligne droite, le plan tangent à la surface réfringente au point d'incidence est parallèle aux plans tangents menés aux surfaces Σ et Σ' aux points où ces surfaces sont rencontrées par une droite parallèle au rayon incident et passant par le point O. Cette condition est évidemment suffisante ; d'où la proposition suivante :

THÉORÈME XX. — *Lorsque les nappes des surfaces d'onde caractéristiques de deux milieux homogènes, qui correspondent respectivement au rayon incident et au rayon réfracté, sont semblables et semblablement placées, pour que le rayon incident et le rayon réfracté soient sur le prolongement l'un de l'autre, il faut et il suffit que le plan tangent à la surface réfringente au point d'incidence ait la direction qui, dans l'un et l'autre milieu, est conjuguée à celle du rayon incident, ordinairement ou extraordinairement suivant la nature de ce rayon.*

On peut remarquer que, dans ce cas, le rayon incident et le rayon réfracté sont toujours de même nature. On voit encore que, si les nappes des surfaces d'onde caractéristiques des deux milieux, qui correspondent respectivement au rayon incident et au rayon réfracté, sont sphériques, pour que le rayon réfracté et le rayon incident soient sur le prolongement l'un de l'autre, il faut et il suffit que le rayon incident soit normal à la surface réfringente au point d'incidence.

Nous déduirons du théorème XX une remarque, qui nous sera d'un grand secours quand nous étudierons la propagation de la lumière dans les milieux hétérogènes : concevons deux milieux homogènes séparés par une surface continue quelconque, et supposons que les surfaces d'onde caractéristiques de ces deux milieux ne diffèrent que d'une quantité infiniment petite ; si un système de rayons passe d'un de ces milieux dans l'autre, chaque rayon réfracté fait en général avec le rayon incident dont il provient, s'il est de même nature que ce rayon incident, un angle infiniment petit. Mais, pour que l'angle formé par un rayon réfracté avec un rayon incident de même nature soit un infiniment petit d'un ordre supérieur au premier, il faut et il suffit, d'après le théorème XX, que la direction du plan tangent à la surface de séparation des deux milieux au point d'incidence fasse un angle infiniment petit avec la direction qui, dans l'un ou l'autre de ces deux milieux, est conjuguée, ordinairement ou extraordinairement suivant la nature du rayon incident, à la direction de ce rayon incident.

On pourrait encore se proposer de trouver les conditions qui doivent être remplies pour que, le second milieu étant biréfringent, un rayon incident de nature donnée pénètre dans ce milieu, sans se bifurquer, ou sans se briser, ou enfin sans se bifurquer, ni se briser ; ces problèmes pouvant se résoudre très-facilement à l'aide de la construction d'Huyghens, nous ne nous y arrêterons pas plus longtemps, et nous nous bornerons à faire une remarque analogue à la précédente et qui nous sera utile dans la théorie des milieux hétérogènes.

Soient deux milieux homogènes biréfringents dont les surfaces d'onde caractéristiques ne diffèrent que d'une quantité infiniment petite, pour que la direction d'un rayon incident de nature donnée fasse avec les directions des rayons réfractés, auxquels ce rayon incident peut donner naissance en pénétrant dans le second milieu, des angles qui soient des infiniment petits d'un ordre supérieur au premier, il faut et il suffit que le plan tangent à la surface de séparation au point d'incidence ait une direction faisant un angle infiniment petit avec celle qui, dans l'un ou l'autre de ces deux milieux, serait doublement conjuguée à la direction du rayon incident. On voit que cette condition ne peut être satisfaite que pour certaines directions particulières du rayon incident; mais, si elle est remplie, quand même ce rayon serait à la fois ordinaire et extraordinaire, les directions des quatre rayons réfractés, auxquels ce rayon incident donnerait naissance en pénétrant dans le second milieu, feraient avec celle du rayon incident des angles infiniment petits d'un ordre supérieur au premier.

Quant au cas où un rayon doit se réfléchir en revenant sur lui-même, la réflexion étant antilogue, il se traitera en suivant exactement la même marche que pour la réfraction; les surfaces Σ et Σ' seront ici les deux nappes d'une surface d'onde caractéristique du premier milieu; ces deux surfaces ne pouvant jamais être semblables, il n'y a pas lieu d'énoncer une proposition analogue au théorème XX.

VI.— On sait que, dans les milieux homogènes isotropes, le temps employé par la lumière pour aller d'un point à un autre, en subissant un nombre quelconque de réflexions et de réfractions, *est toujours un minimum;* nous allons, en nous fondant sur la construction générale de l'onde réfléchie ou réfractée, étendre ce théorème aux milieux homogènes quelconques, nous réservant de l'appliquer aux milieux hétérogènes après avoir étudié la propagation de la lumière dans ces milieux.

Il importe avant tout de définir d'une façon précise ce que nous appellerons *chemins de même espèce.* Soient un nombre quelconque de milieux *tous homogènes,* séparés par des surfaces continues, et deux points O et A, situés dans deux de ces milieux ou dans le même milieu. Nous dirons que deux chemins, partant du point O pour aboutir au point A, sont de même espèce, lorsque ces chemins touchent, le même nombre de fois et dans le même ordre, les surfaces qui limitent ces milieux homogènes; de plus, quand il s'agira de comparer les temps que mettrait la lumière pour aller d'un point à un autre en suivant deux chemins de même espèce, nous supposerons toujours les rayons, qui suivraient ces chemins, de même nature dans les parties correspondantes de leurs trajectoires, situées, soit entre deux des surfaces qui limitent les milieux, soit entre une de ces surfaces et le point de départ ou d'arrivée. Parmi tous les chemins de même espèce allant d'un point à un autre, il n'y en a ordinairement qu'un seul qui soit réellement suivi par la lumière, mais, dans des cas particuliers, il peut y en avoir plusieurs et même une infinité.

Ceci posé, nous allons démontrer que le chemin réellement suivi par la lumière

pour aller d'un point O situé dans un milieu homogène à un point A également
situé dans un milieu homogène, en traversant un nombre quelconque de milieux
tous homogènes, et en subissant sur les surfaces qui limitent ces milieux un nombre quelconque de réflexions, est toujours parcouru en moins de temps que ne le
serait tout autre chemin de même espèce, s'écartant infiniment peu du premier,
par lequel la lumière pourrait se propager du point O au point A, ou, en d'autres
termes, que le temps employé par la lumière pour aller de O en A *est toujours un
minimum* par rapport aux temps qu'elle emploierait pour se propager de O en A
en suivant des chemins de même espèce. Remarquons, en premier lieu, que
parmi tous les chemins, que pourrait suivre un rayon de nature donnée pour
se propager d'un point situé dans un milieu homogène à un autre point situé
dans le même milieu sans subir de réflexion et sans sortir du milieu, celui qu'il
suit réellement, c'est-à-dire la droite qui joint ces deux points, est aussi celui
qu'il met le moins de temps à parcourir. Il suffira donc de faire voir que le
chemin réellement suivi par la lumière pour aller d'un point à un autre, en traversant un nombre quelconque de milieux homogènes, est parcouru en moins
de temps que tout autre chemin de même espèce, s'écartant infiniment peu du
premier, et dont les éléments, compris soit entre deux surfaces de séparation des
milieux, soit entre une de ces surfaces et le point de départ et d'arrivée, seraient
tous rectilignes.

Considérons d'abord le cas d'une réfraction unique. Soit (fig. 4) un rayon qui
va du point O au point R en suivant la ligne brisée OAR, je dis que ce chemin
est parcouru en moins de temps que ne le serait tout autre chemin de même es-

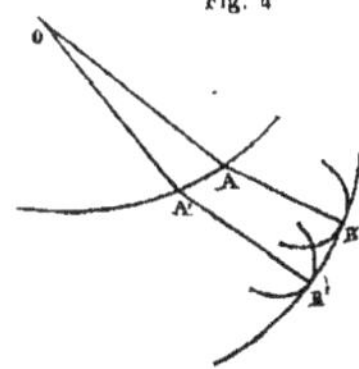

Fig. 4

pèce, s'en écartant infiniment peu, tel que OA′R (OA′ étant
considéré comme un rayon de même nature que OA, A′R
comme un rayon de même nature que AR). Pour le démontrer, désignons par T et T′ les temps employés par
la lumière pour aller dans le premier milieu de O en A et
de O en A′. Du point A comme centre, décrivons une
surface d'onde caractéristique du second milieu, dont la
nappe, de même nature que les rayons, passe par le point R ; appelons σ cette
nappe et θ le temps auquel elle correspond. Pour aller de O en R, en suivant le
chemin OAR, la lumière met un temps égal à T + θ; donc, d'après la construction
générale de l'onde réfractée, si, du point A′ comme centre, on décrit une surface
d'onde caractéristique du second milieu correspondant au temps θ — (T′—T) ou
T + θ — T′, la nappe de cette surface qui est de même nature que le rayon AR
sera tangente en un certain point R′ à l'onde réfractée qui passe en R et qui correspond à un système de rayons réfractés, issus du point O et de même espèce
que AR ; désignons cette nappe par σ′ et laissons de côté, pour le moment, le cas

particulier où R′ coïncide avec R. Les points A et A′ étant infiniment voisins, il en est de même des points R et R′ : le point R étant situé sur l'onde réfractée qui est l'enveloppe commune des surfaces σ et σ', et étant de plus infiniment voisin du point R′ où cette enveloppe touche σ', ce point R est nécessairement extérieur à la surface σ'. Donc le temps θ' qu'emploierait la lumière pour aller dans le second milieu de A′ en R est plus grand que celui auquel correspond la surface σ', et l'on a :

$$\theta' > T + \theta - T', \quad \text{d'où } T' + \theta' > T + \theta,$$

c'est précisément ce qu'il fallait démontrer, car $T' + \theta'$ est le temps que mettrait la lumière pour suivre le chemin OA′R.

Si les points R et R′ se confondent, cela signifie que la lumière peut se propager de O en R aussi bien par le chemin OA′R que par le chemin OAR; mais alors, d'après le théorème XII, ces deux chemins, étant infiniment voisins, seront parcourus dans des temps rigoureusement égaux.

On démontrerait absolument de la même manière que, si la lumière va d'un point O (fig. 5) situé dans un milieu homogène à un point R situé dans le même milieu en se réfléchissant sur une surface quelconque, le chemin OAR qu'elle suit réellement est parcouru en moins de temps que ne le serait tout autre chemin de même espèce, s'écartant infiniment peu du premier, tel que OA′R, à moins que OA′R ne soit un chemin par lequel la lumière puisse réellement se propager de O en R, auquel cas ce chemin sera parcouru dans le même temps que OAR.

Fig. 5.

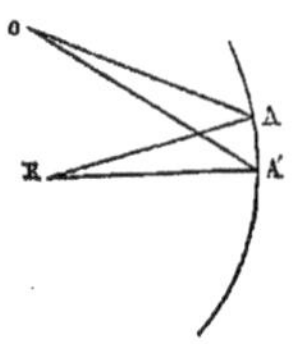

Passons maintenant au cas de plusieurs réfractions successives. Supposons que la lumière aille du point O (fig. 6) situé dans un milieu homogène à un point R situé dans un autre milieu homogène, en traversant un milieu intermédiaire également homogène et en suivant la ligne brisée OABR, je dis que ce chemin sera parcouru en moins de temps que tout autre chemin de même espèce, s'écartant infiniment peu du premier, tel que OCDR, à moins que OCDR ne soit un chemin par lequel la lumière puisse réellement se propager de O en R, auquel cas, en vertu du théorème XII, les deux chemins OABR et OCDR, étant infiniment voisins, seront parcourus dans des temps rigoureusement égaux. En effet, si DR n'est pas le rayon réfracté correspondant au rayon incident CD (DR étant considéré comme étant de même nature que BR, et CD comme étant de même nature que AB), on peut toujours trouver sur la surface de séparation du second et du troisième milieu un point E, tel que ER soit le rayon réfracté correspondant au rayon incident CE ; ce point E sera infiniment voisin de B, et, par suite, d'après ce que nous avons vu dans le cas d'une réfraction unique, le chemin CER sera parcouru plus rapidement que le chemin infiniment voisin CDR, qui est de même espèce. De même, si CD n'est pas le rayon réfracté correspondant au rayon

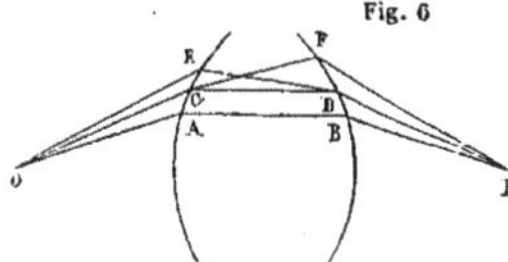

incident OC, on peut toujours trouver sur la surface de séparation du premier et du second milieu un point F, infiniment voisin de A, tel que FD soit le rayon réfracté correspondant au rayon incident OF, et le chemin OFD sera parcouru en moins de temps que le chemin infiniment voisin OCD. Donc, pour que le chemin OCDR soit parcouru en moins de temps que tout autre chemin infiniment voisin et de même espèce allant de O en R, il faut et il suffit : 1° que CD soit le rayon réfracté correspondant au rayon incident OA ; 2° que DR soit le rayon réfracté correspondant à CD, c'est-à-dire que le chemin OCDR se confonde avec le chemin OABR ou avec un autre chemin de même espèce par lequel la lumière puisse réellement se propager du point O au point R. Cette démonstration est évidemment applicable au cas où la lumière, en allant de O en R, subit un nombre quelconque de réfractions ; un raisonnement complétement analogue s'étend au cas de plusieurs réflexions successives s'opérant dans le même milieu, soit sur la même surface, soit sur des surfaces différentes, et enfin au cas général où la lumière, en se propageant d'un point à un autre, traverse un nombre quelconque de milieux homogènes et subit un nombre quelconque de réflexions.

Nous arrivons ainsi au théorème fondamental dont voici l'énoncé :

THÉORÈME XXI. — *Le temps employé par la lumière pour se propager d'un point situé dans un milieu homogène à un autre point situé également dans un milieu homogène, en traversant un nombre quelconque de milieux intermédiaires tous homogènes, et en subissant sur les surfaces qui limitent ces milieux un nombre quelconque de réflexions, est toujours un minimum relativement aux temps que mettrait la lumière pour aller d'un de ces points à l'autre en suivant des chemins de même espèce que celui qu'elle parcourt réellement.*

Lorsque la lumière peut aller d'un point à un autre par plusieurs chemins différents, le temps employé à parcourir chacun de ces chemins est un *minimum* ; mais, d'après ce que nous avons vu à propos du théorème XII, ces temps *minima* ne sont pas nécessairement égaux entre eux, à moins que les chemins suivis réellement par la lumière pour se propager d'un point à l'autre ne forment une série continue, c'est-à-dire ne constituent une surface continue ou un faisceau solide, et ne soient par suite en nombre infini.

Le théorème XXI peut être considéré comme résumant l'Optique géométrique des milieux homogènes, en ce sens que, si on l'admet comme conséquence du principe de la moindre action, il peut servir à retrouver toutes les propositions que nous avons démontrées jusqu'ici.

SECTION II. — DES MILIEUX HÉTÉROGÈNES.

A. — *De la propagation de la lumière dans les milieux hétérogènes en général.*

Nous avons déjà eu occasion, dans le paragraphe intitulé : *Définitions et notations*, d'expliquer ce qu'on doit entendre, dans un milieu hétérogène quelconque, par surfaces d'onde caractéristiques relatives à un point du milieu, et par surfaces isopalmiques ; nous avons montré également que la propagation de la lumière dans un milieu hétérogène quelconque est affectée d'une double cause de complication, provenant de ce que chaque surface isopalmique doit être considérée à la fois comme réfringente et comme réfléchissante, et de ce que, si le milieu est biréfringent, il y a bifurcation continue des rayons ; enfin nous avons défini ce que nous appellerons rayons de même espèce dans un milieu hétérogène, et remarqué qu'à un système de rayons de même espèce correspond toujours un système d'ondes dont chacune est formée d'une nappe unique et continue. Ajoutons, et c'est là un point essentiel, que toutes les fois que nous parlerons de la propagation dans un milieu hétérogène d'un système de rayons de même espèce, nous supposerons que ces rayons, pendant le temps durant lequel nous les considérerons, se réfractent d'une manière continue, sans jamais changer de nature et sans se réfléchir.

Deux remarques importantes sur la constitution des milieux hétérogènes doivent également trouver leur place ici :

1° Si un milieu hétérogène est uniaxe, les nappes ordinaires des surfaces d'onde caractéristiques relatives à tous les points de ce milieu étant sphériques, il se comportera, par rapport aux rayons ordinaires qui s'y propagent, comme un milieu hétérogène isotrope.

2° Considérons, dans un milieu hétérogène uniaxe, la surface d'onde caractéristique, relative à un point du milieu et correspondant à l'unité de temps ; l'équation de la nappe extraordinaire de cette surface contient deux paramètres, qui peuvent varier d'un point à l'autre du milieu, tandis que l'équation de la nappe ordinaire ne dépend que d'un seul de ces paramètres, qui peut rester constant pendant que l'autre varie. Il résulte de là qu'un milieu uniaxe peut être homogène par rapport aux rayons ordinaires, tout en étant hétérogène par rapport aux rayons extraordinaires, mais qu'il ne peut être hétérogène par rapport aux rayons ordinaires sans l'être aussi par rapport aux rayons extraordinaires.

Dans un milieu hétérogène biaxe, les équations des deux nappes de la surface d'onde caractéristique, relative à un point du milieu et correspondant à l'unité de temps, contiennent chacune les trois paramètres qui déterminent en ce point la constitution optique du milieu, d'où il suit qu'un pareil milieu ne peut être hétérogène par rapport aux rayons d'une certaine nature sans l'être en même temps par rapport aux rayons de nature contraire.

Ces préliminaires posés, imaginons un système de rayons issus originairement d'un même point lumineux et de même espèce, se propageant dans un milieu hétérogène quelconque ; soit, à un certain moment, S la position de l'onde qui correspond à ces rayons ; proposons-nous de trouver la position qu'occupera cette onde au bout d'un temps fini T, en supposant que, pendant cet intervalle de temps, les rayons n'éprouvent ni réflexion, ni changement de nature par réfraction. A cet effet, divisons le temps T en un nombre très-grand d'intervalles, égaux ou inégaux, que nous désignerons par τ, τ', τ''...., de telle sorte que l'on ait : $T = \tau + \tau' + \tau'' + \ldots$.; de chacun des points de l'onde S comme centre, décrivons la nappe, de même nature que les rayons, de la surface d'onde caractéristique relative à ce point et correspondant au temps τ ; cherchons l'enveloppe de toutes ces nappes et, de chacun des points de cette enveloppe comme centre, décrivons la nappe, de même nature que les rayons, de la surface d'onde caractéristique relative à ce point et correspondant au temps τ' ; en continuant de même nous arriverons à trouver une certaine surface, qui représentera la position de l'onde au bout du temps T avec une erreur d'autant plus petite que le nombre des intervalles τ est plus grand ; la limite vers laquelle tend cette surface, quand le nombre de ces intervalles devient infiniment grand et chacun d'eux, par suite, infiniment petit, est la position réelle de l'onde au bout du temps T.

Prenons maintenant un point A sur l'onde S ; joignons ce point au point B où la nappe, de même nature que les rayons, de la surface d'onde caractéristique, décrite de ce point A comme centre et relative au temps τ, touche l'enveloppe commune, qui représente avec une certaine approximation la position de l'onde au bout du temps τ, le point B au point C où la nappe, de même nature que les rayons, de la surface d'onde caractéristique, décrite de ce point B comme centre et correspondant au temps τ', touche l'enveloppe commune, qui représente avec une certaine approximation la position de l'onde au temps $\tau + \tau'$, et ainsi de suite : nous obtiendrons une certaine ligne brisée qui, lorsque les intervalles seront infiniment petits, deviendra une ligne généralement à double courbure ; c'est suivant cette ligne que la lumière sera dite se propager à partir du point A, ou, en d'autres termes, cette ligne sera celui des rayons du système qui passe par le point A. D'après les hypothèses que nous avons faites, les rayons du système ne subissant, durant l'intervalle de temps considéré, ni réflexion, ni changement de nature par réfraction, chacun d'eux forme une courbe continue, généralement a double courbure, mais qui, dans des cas particuliers, peut être plane, et même se réduire à une ligne droite. Les rayons qui se meuvent dans un milieu hétérogène étant en général courbes, la direction d'un de ces rayons en un de ses points sera la direction de la tangente menée au rayon en ce point.

La manière dont nous avons envisagé la propagation de la lumière dans les milieux hétérogènes, au lieu de considérer ces milieux comme formés d'une infinité de couches homogènes infiniment minces dont les surfaces de séparation seraient les surfaces isopalmiques, nous conduit immédiatement à une proposition qui, pour les milieux hétérogènes quelconques, est l'analogue du théorème III.

Théorème XXII. — *Lorsqu'un système de rayons issus d'un même point et de même espèce se propage dans un milieu hétérogène quelconque, la direction d'un de ces rayons en un quelconque de ses points O a avec celle du plan tangent en ce point à l'onde qui correspond au système des rayons la même liaison que la direction du rayon vecteur de la nappe, de même nature que les rayons, d'une des surfaces d'onde caractéristiques relatives à ce point O avec la direction du plan tangent à cette nappe au point où elle est rencontrée par le rayon vecteur.*

Ce théorème montre qu'étant données la direction d'un des rayons du système en un certain point O, et, de plus, si le milieu est biréfringent, la nature des rayons, pour trouver la direction du plan tangent à l'onde en O, il faut, d'un point quelconque comme centre, décrire la nappe, de même nature que les rayons, d'une surface d'onde caractéristique, relative au point O et correspondant à un temps quelconque, et mener un rayon vecteur parallèle à la direction donnée pour le rayon : le plan tangent à la nappe au point où elle est rencontrée par ce rayon vecteur aura la direction cherchée. Une construction inverse permettra de déterminer la direction d'un des rayons du système en un point donné, connaissant celle du plan tangent à l'onde en ce point et la nature des rayons.

Dans un milieu hétérogène quelconque, les surfaces d'onde caractéristiques relatives aux différents points du milieu n'étant pas, en général, semblables et semblablement placées, on voit que la direction de la droite conjuguée ordinairement ou extraordinairement à un plan de direction donnée et celle du plan conjugué ordinairement ou extraordinairement à une droite de direction donnée varient, sauf les cas particuliers, d'un point du milieu à l'autre. Quand il s'agit d'un milieu hétérogène, pour définir la direction d'une droite, il ne suffit donc pas de dire qu'elle est conjuguée ordinairement ou extraordinairement à un plan de direction donnée : il faut indiquer de plus pour quel point du milieu la direction de la droite est conjuguée à celle du plan ; de même, pour déterminer la direction d'un plan, il faut faire connaître la direction de la droite à laquelle ce plan est conjugué ordinairement ou extraordinairement pour un point donné du milieu. Mais, pour tous les points d'une même surface isopalmique, la liaison entre la direction d'un rayon de nature donnée et celle du plan tangent à l'onde reste constante ; nous pourrons donc définir la direction d'une droite en disant que, pour une certaine surface isopalmique, elle est conjuguée ordinairement ou extraordinairement à un plan de direction donnée, et réciproquement.

En général, étant donnés un point O d'un milieu hétérogène quelconque et la nature des rayons issus d'un même point et de même espèce qui se propagent dans ce milieu, à une direction donnée pour le plan tangent à l'onde en O correspond une direction unique pour la tangente menée en O au rayon qui passe par ce point ; c'est ce qui a toujours lieu dans un milieu hétérogène isotrope ou uniaxe ; mais, si le milieu est biaxe, à certaines directions du plan tangent à l'onde, directions qui, en général, varient d'un point du milieu à l'autre, seront conjuguées pour le rayon une infinité de directions formant un cône, et inversement à certaines directions du rayon, qui changent, en général, d'un point à l'autre, sont conjuguées pour le plan tangent à l'onde une infinité de directions formant l'enveloppe d'un cône.

Revenons au cas général, et remarquons que, si un système de rayons issus d'un même point et de même espèce se propage dans un milieu hétérogène quelconque, les plans tangents, menés aux ondes qui correspondent à ces rayons aux points où ces ondes sont rencontrées par un même rayon, ne sont plus nécessairement parallèles entre eux, et cela pour deux raisons : 1° parce que la direction du rayon varie, en général, d'un point à l'autre de ce rayon ; 2° parce que, quand même cette direction resterait constante, celle du plan qui lui serait conjuguée ordinairement ou extraordinairement pourrait changer suivant le point considéré sur le rayon. Ainsi le théorème II n'est pas susceptible d'être étendu aux milieux hétérogènes quelconques.

B. — *De la propagation rectiligne de la lumière dans les milieux hétérogènes quelconques.*

Soit un système de rayons issus d'un même point et de même espèce qui se propagent dans un milieu hétérogène quelconque sans se réfléchir et sans changer de nature par réfraction ; proposons-nous d'abord de chercher les conditions nécessaires et suffisantes pour que deux éléments infiniment petits consécutifs soient en ligne droite sur un des rayons du système, ou, en d'autres termes, pour que ce rayon, en un point donné O, ait avec sa tangente un contact du second ordre et que ce point O soit un point d'inflexion. Désignons par I la surface iso-palmique du milieu qui passe en O; cette surface peut être considérée comme formant la surface de séparation de deux couches homogènes infiniment minces, C et C'. Soit C celle de ces couches dans laquelle se propage le rayon pendant un temps infiniment petit τ avant d'arriver en O; pour que le rayon, pendant le temps infiniment petit τ' qui suit l'instant où il arrive en O, continue à se mouvoir en ligne droite, ou, en d'autres termes, pour que les deux éléments du rayon qui correspondent aux intervalles de temps infiniment petits τ et τ' soient sur le prolongement l'un de l'autre, il faut évidemment, ou, que pendant le second intervalle τ', le rayon reste dans la couche C sans passer dans la couche adjacente C', ce qui ne peut avoir lieu qu'autant que le rayon est tan-gent en O à la surface I, ou que le rayon passe en O de la couche C dans la couche C' sans se briser, ce qui, d'après la remarque faite à propos du théo-rème XX, n'est possible que si le plan tangent mené en O à la surface I a une direction conjuguée ordinairement ou extraordinairement par rapport au point O à celle du rayon en O, suivant que le rayon est lui-même ordinaire ou extraordi-naire, c'est-à-dire si ce plan tangent est parallèle au plan tangent mené à la nappe, de même nature que les rayons, d'une des surfaces d'onde caractéristi-que relatives au point O au point où cette nappe est rencontrée par un rayon vecteur parallèle à la direction du rayon en O. Ces conditions nécessaires sont évidemment suffisantes; nous pouvons donc énoncer la proposition suivante, en nous fondant, pour la seconde partie, sur le théorème XXII.

THÉORÈME XXIII. — *Lorsqu'un système de rayons issus d'un même point et de même espèce se propage dans un milieu hétérogène quelconque, pour qu'un des rayons de ce sys-tème présente en un certain point O un point d'inflexion, il faut et il suffit, ou que ce rayon soit tangent en O à la surface isopalmique du milieu qui passe par ce point, ou que la direction de ce rayon en O soit, pour le point O, conjuguée, ordinairement ou extraordinai-rement suivant la nature du rayon, à celle du plan tangent mené en O à la surface iso-palmique qui passe par ce point. Si c'est la seconde condition qui est satisfaite, l'onde qui correspond au système des rayons est tangente en O à la surface isopalmique.*

Lorsque le rayon est tangent en O à une surface isopalmique, comme il reste, pendant deux intervalles de temps infiniment petits consécutifs, dans la même couche infiniment mince, non seulement il présente un point d'inflexion en O, mais encore il ne se bifurque pas en O, si le milieu est biréfringent, et, de plus, si on imagine un rayon à la fois ordinaire et extraordinaire, se propageant suivant l'élément qui précède le point O, ce rayon ne se divise pas en O. Mais, si le rayon

n'est pas tangent en O à une surface isopalmique, pour qu'en O il présente un point
d'inflexion et ne se bifurque pas, il faut et il suffit, d'après la seconde remarque
faite sur le théorème XX, que la direction de ce rayon en O, soit pour le point O,
doublement conjuguée à celle du plan tangent P, mené en O à la surface isopalmique qui passe par ce point ; c'est-à-dire que, si d'un point quelconque comme
centre, on décrit les deux nappes d'une des surfaces d'onde caractéristiques relatives au point O, et qu'on mène un rayon vecteur parallèle à la direction du rayon
en O, les plans tangents à ces deux nappes aux points où elles sont rencontrées
par ce rayon vecteur doivent être : 1° parallèles entre eux ; 2° parallèles au plan
P. Cette condition ne peut être satisfaite que pour certaines directions particulières du rayon ; mais, si elle est remplie, un rayon à la fois ordinaire et extraordinaire, présentant en O la direction qu'a le rayon du système en ce point, passera
en O d'une couche infiniment mince dans la couche adjacente sans se diviser.
Nous arrivons ainsi au théorème suivant :

THÉORÈME XXIV. — *Lorsqu'un système de rayons issus d'un même point et de même
espèce se propage dans un milieu hétérogène biréfringent, pour qu'un des rayons de ce
système présente, en un certain point O, un point d'inflexion et, de plus, ne se bifurque pas
en O, il faut et il suffit, ou que ce rayon soit tangent en ce point à une surface isopalmique
du milieu, ou que la direction de ce rayon en O, soit, pour le point O, doublement conjuguée
à celle du plan tangent mené en O à la surface isopalmique qui passe par ce point. Si c'est
cette dernière condition qui est satisfaite, l'onde qui correspond au système des rayons est
tangente en O à la surface isopalmique.*

Nous avons fait remarquer précédemment que certaines des surfaces isopalmiques d'un milieu hétérogène peuvent se réduire, soit à une ligne, soit à un point ;
tout rayon qui passe par un tel point ou par un point d'une telle ligne peut être
considéré comme tangent à une surface isopalmique ; nous pouvons donc du
théorème XXIV tirer les deux corollaires suivants, auxquels on pouvait du reste
arriver directement en remarquant que, dans ce cas, le rayon, pendant deux intervalles de temps infiniment petits consécutifs, reste dans la même couche homogène infiniment mince.

THÉORÈME XXV. — *Lorsqu'une des surfaces isopalmiques d'un milieu hétérogène
quelconque se réduit à une ligne, chaque point de cette ligne est un point d'inflexion pour
tout rayon qui y passe et, de plus, si le milieu est biréfringent, le rayon ne se bifurque
pas en ce point.*

THÉORÈME XXVI. — *Lorsqu'une des surfaces isopalmiques d'un milieu hétérogène quelconque se réduit à un point, ce point est un point d'inflexion pour tout rayon qui y passe et, de plus, si le milieu est biréfringent, le rayon ne se bifurque pas en ce point.*

Nous allons nous occuper maintenant des conditions nécessaires et suffisantes pour que, dans un milieu hétérogène quelconque, un rayon qui se propage sans se réfléchir et sans changer de nature par réfraction puisse suivre une ligne droite : chacun des points d'un pareil rayon peut être considéré comme un point d'inflexion; il faut donc, d'après le théorème XXIII, ou qu'en chacun de ses points, ce rayon rectiligne soit tangent à une surface isopalmique du milieu, ou qu'en chacun de ses points, sa direction soit conjuguée, ordinairement ou extraordinairement suivant la nature de ce rayon, à la direction du plan tangent à la surface isopalmique qui passe par ce point. Dans le premier cas, les surfaces isopalmiques d'un milieu hétérogène ne pouvant jamais se couper, il est évident que le rayon rectiligne doit être tangent en tous ses points à une même surface isopalmique, c'est-à-dire se trouver tout entier sur cette surface. Dans le second cas, les surfaces isopalmiques doivent être telles que le plan tangent, mené à chacune de ces surfaces au point où elle est rencontrée par le rayon rectiligne, ait une direction conjuguée pour ce point, ordinairement ou extraordinairement suivant la nature du rayon, à la direction du rayon rectiligne; c'est ce que nous exprimerons en disant que la droite que suit le rayon rectiligne est *une droite conjuguée commune aux surfaces isopalmiques.* On peut remarquer que les plans tangents, menés aux surfaces isopalmiques aux points où ces surfaces sont rencontrées par une droite conjuguée commune, ne sont pas en général parallèles entre eux. Nous nous trouvons ainsi conduits au théorème suivant :

Théorème XXVII. — *Pour qu'une droite située dans un milieu hétérogène quelconque puisse être suivie par un rayon qui se meut dans ce milieu sans se réfléchir et sans changer de nature par réfraction, il faut et il suffit, ou que cette droite se trouve tout entière sur une des surfaces isopalmiques du milieu, ou qu'elle soit une droite conjuguée (ordinairement ou extraordinairement suivant la nature du rayon) commune à toutes les surfaces isopalmiques qu'elle rencontre.*

Si, parmi les rayons issus d'un même point et de même espèce qui se propagent dans un milieu hétérogène quelconque, il y a un rayon rectiligne qui suit une droite conjuguée commune aux surfaces isopalmiques, chacune des ondes qui correspondent à ce système de rayons au point où elle est rencontrée par le rayon rectiligne est tangente à une surface isopalmique.

Il résulte de là que, même lorsqu'un rayon se propage en ligne droite dans un milieu hétérogène quelconque, ce rayon faisant partie d'un système de rayons issus d'un même point et de même espèce, les plans tangents, menés aux ondes qui correspondent à ce système de rayons aux points où elles sont rencontrées par le rayon rectiligne, ne sont pas, en général, parallèles entre eux.

La recherche des droites suivant lesquelles, dans un milieu hétérogène quelconque, peuvent se propager des rayons rectilignes se trouve ramenée par le théorème précédent : 1° à celle des droites qui se trouvent tout entières sur une des surfaces isopalmiques du milieu, droites que, pour abréger l'écriture, nous désignerons par le symbole (G) ; 2° à celle des droites conjuguées ordinairement ou extraordinairement, communes aux surfaces isopalmiques qu'elles rencontrent, droites qui seront représentées par les symboles (C_o) et (C_e). Il faut remarquer que ces droites doivent remplir des conditions très-particulières, et qu'il pourra fort bien arriver que, dans un milieu hétérogène, on ne puisse mener aucune droite de ce genre et que, par conséquent, il ne puisse se propager dans ce milieu aucun rayon rectiligne ; il ne faut pas oublier non plus que si, dans un milieu hétérogène, une droite est telle qu'un rayon puisse se propager en la suivant, il n'en résulte nullement que les droites parallèles à celle-ci jouissent de la même propriété.

Nous allons nous occuper actuellement des conditions que doit remplir une droite menée dans un milieu hétérogène quelconque pour qu'un rayon puisse suivre cette droite sans jamais se diviser par réfraction. Le théorème XXIV montre immédiatement que cette droite doit satisfaire à l'une des deux conditions suivantes qui sont à la fois nécessaires et suffisantes : ou cette droite doit se trouver tout entière sur une des surfaces isopalmiques du milieu, ou, en chacun de ses points, elle doit être, pour ce point, doublement conjuguée à la direction du plan tangent mené en ce point à la surface isopalmique qui y passe. Cette dernière condition signifie que, si on considère un point quelconque O sur cette droite, qu'on mène en O un plan tangent P à la surface isopalmique qui passe par ce point, que, d'un point quelconque comme centre, on décrive les deux nappes d'une surface d'onde caractéristique, relative au point O et correspondant à un temps quelconque, et qu'on mène un rayon vecteur parallèle à la droite, les plans tangents, menés à ces deux nappes aux points où elles sont rencontrées par ce rayon vecteur, doivent être : 1° parallèles entre eux ; 2° parallèles au plan P, et cela quel que soit le point O pris sur la droite ; c'est ce que nous exprimerons en disant que la droite est une droite doublement conjuguée commune aux surfaces isopalmiques.

Donc :

Théorème XXVIII. — *Pour qu'une droite située dans un milieu hétérogène biréfrin-*

gent puisse être suivie par un rayon qui se propage sans jamais se diviser par réfraction, il faut et il suffit, ou que cette droite se trouve tout entière sur une des surfaces isopalmiques du milieu, ou qu'elle soit une droite doublement conjuguée commune à toutes les surfaces isopalmiques qu'elle rencontre.

Si, parmi les rayons issus d'un même point et de même espèce qui se propagent dans un milieu hétérogène biréfringent, il y a un rayon qui se meut en ligne droite et sans jamais se diviser par réfraction en suivant une droite doublement conjuguée commune aux surfaces isopalmiques, chacune des ondes qui correspondent à ce système de rayons est tangente au point où elle est rencontrée par le rayon rectiligne à une surface isopalmique.

La seconde partie de ce théorème donne lieu à une remarque qui ne devra jamais être perdue de vue dans ce qui va suivre. Lorsqu'un rayon se propage en ligne droite sans jamais se diviser par réfraction, ce rayon est formé, en réalité, par la superposition d'une infinité de rayons appartenant tous à des systèmes différents ; mais, parmi ces rayons, on ne devra considérer, pour l'associer aux autres rayons du système qui se propage dans le milieu, que celui qui reste constamment de même nature que les rayons de ce système ; ce rayon est le seul, en effet, parmi tous ces rayons superposés, qui corresponde aux mêmes ondes que les autres rayons du système.

D'après le théorème XXVIII la recherche des droites suivant lesquelles, dans un milieu hétérogène quelconque, un rayon peut se propager sans jamais se diviser par réfraction se trouve ramenée : 1° à celle des droites (G) ; 2° à celles des droites doublement conjuguées communes à toutes les surfaces isopalmiques qu'elles rencontrent, droites que nous désignerons par le symbole $(C_{o,e})$. Ces dernières droites doivent remplir des conditions encore bien plus particulières que les droites (C_o) ou (C_e), et il faut que les surfaces isopalmiques d'un milieu hétérogène affectent une disposition toute spéciale pour qu'on puisse mener, dans ce milieu, même une seule droite de ce genre.

Considérons le cas où il se propage dans un milieu hétérogène quelconque une infinité de rayons rectilignes formant une surface continue ; en employant les notations qui viennent d'être établies, et en nous fondant sur le théorème XXVII, nous pouvons énoncer la proposition suivante :

Théorème XXIX. — *Pour que, dans un milieu hétérogène quelconque, une infinité de droites, formant une certaine surface continue* Σ, *puissent être suivies chacune par un rayon qui se propage dans le milieu sans se réfléchir et sans changer de nature par réfraction, il faut et il suffit que chacune de ces droites soit, si les rayons doivent tous être ordinaires, une droite* (G) *ou une droite* (C_o), *si les rayons doivent tous être extraordinaires, une droite* (G) *ou une droite* (C_e).

Si, parmi les rayons issus d'un même point et de même espèce qui se propagent dans un milieu hétérogène quelconque, il y en a une infinité, formant une surface continue Σ, qui suivent des droites (C_o) ou (C_e), chacune des ondes qui correspondent au système des rayons est tangente à une surface isopalmique le long de la courbe suivant laquelle elle est coupée par la surface Σ.

En effet, en chaque point de cette courbe, l'onde, d'après le théorème XXVII, doit être tangente à une surface isopalmique ; si la surface isopalmique à laquelle l'onde est tangente n'était pas la même pour les différents points de cette courbe, l'onde envelopperait, suivant cette courbe, des surfaces isopalmiques différentes, ce qui est impossible, puisque deux surfaces isopalmiques d'un même milieu ne peuvent jamais se couper.

Du théorème XXVIII nous déduirons de même la proposition suivante :

THÉORÈME XXX. — *Pour que, dans un milieu hétérogène biréfringent, une infinité de droites, formant une certaine surface continue Σ, puissent être suivies chacune par un rayon qui se propage sans jamais se diviser par réfraction, il faut et il suffit que chacune de ces droites soit une droite (G) ou une droite $(C_{o,e})$.*

Si, parmi les rayons issus d'un même point et de même espèce qui se propagent dans un milieu hétérogène biréfringent, il y en a une infinité qui suivent sans jamais se diviser par réfraction des droites $(C_{o,e})$ formant une surface continue Σ, chacune des ondes qui correspondent à ce système de rayons est tangente à une surface isopalmique le long de la courbe suivant laquelle elle est coupée par la surface Σ.

Suivant chacune des droites que suivent les rayons qui ne se divisent jamais par réfraction se propagent, comme nous l'avons déjà fait observer, une infinité de rayons superposés ; mais, parmi ces rayons, on ne devra considérer que ceux qui restent constamment de même nature que les autres rayons du système et qui correspondent, par suite, au même système d'ondes.

Pour que toutes les droites formant une certaine surface continue Σ puissent être des droites $(C_{o,e})$, il faut qu'en prenant un point O sur une quelconque de ces droites, si l'on décrit, d'un point quelconque comme centre, les deux nappes d'une surface d'onde caractéristique, relative au point O et correspondant à un temps quelconque, et qu'on mène des rayons vecteurs parallèles à toutes les droites situées sur la surface Σ qui rencontrent la surface isopalmique passant en O, chacun de ces rayons vecteurs rencontre les deux nappes en deux points où les plans tangents à ces nappes soient parallèles entre eux, et cela quel que soit le point O pris sur une quelconque des droites qui forment la surface Σ ; c'est ce qui aura lieu, par exemple, si, le milieu étant uniaxe et la direction de l'axe étant cònstante en tous les points de ce milieu, toutes les droites qui constituent la surface Σ sont perpendiculaires à l'axe.

Passons enfin au cas où les rayons rectilignes qui se propagent dans un milieu hétérogène forment un faisceau solide; nous aurons à énoncer deux théorèmes tout à fait analogues aux deux précédents.

· Théorème XXXI. — *Pour qu'une infinité de droites, formant un faisceau solide, puissent, dans un milieu hétérogène quelconque, être suivies chacune par un rayon qui se propage dans le milieu sans se réfléchir et sans changer de nature par réfraction, il faut et il suffit que chacune de ces droites soit, si les rayons doivent être tous ordinaires, une droite* (G) *ou une droite* (C_o), *si les rayons doivent être tous extraordinaires, une droite* (G) *ou une droite* (C_e).

Si, parmi les rayons issus d'un même point et de même espèce qui se propagent dans un milieu hétérogène quelconque, il y en a une infinité, formant un faisceau solide F, *qui suivent des droites* (C_o) *ou* (C_e), *chacune des ondes qui correspondent à ce système de rayons se confond, dans la partie de son étendue comprise dans le faisceau* F, *avec une surface isopalmique.*

Si tous les rayons issus d'un même point et de même espèce qui se propagent dans un milieu hétérogène quelconque suivent des droites (C_o) *ou* (C_e), *le système des ondes se confond avec celui des surfaces isopalmiques du milieu.*

Il faut remarquer que, dans ce dernier cas, chaque onde ne coïncide qu'avec une partie d'une surface isopalmique, à moins que les rayons du système ne remplissent tout l'espace.

Théorème XXXII. — *Pour qu'une infinité de droites, formant un faisceau solide, puissent, dans un milieu hétérogène biréfringent, être suivies chacune par un rayon qui se propage sans jamais se diviser par réfraction, il faut et il suffit que chacune de ces droites soit une droite* (G) *ou une droite* $(C_{o,e})$.

Si, parmi les rayons issus d'un même point et de même espèce qui se propagent dans un milieu hétérogène biréfringent, il y en a une infinité, formant un faisceau solide F, *qui suivent des droites* $(C_{o,e})$, *chacune des ondes qui correspondent à ce système de rayons se confond, dans la partie de son étendue comprise dans le faisceau* F, *avec une surface isopalmique.*

Si tous les rayons issus d'un même point et de même espèce qui se propagent dans un milieu hétérogène biréfringent suivent des droites $(C_{o,e})$, *le système des ondes se confond avec celui des surfaces isopalmiques du milieu.*

Suivant chacune des droites qui forment le faisceau solide F se meuvent, d'après une remarque faite précédemment, une infinité de rayons superposés : pour avoir un système de rayons de même espèce, il ne faut considérer, parmi tous ces rayons, que ceux qui se propagent suivant les droites du faisceau F en restant tous constamment ordinaires ou ceux qui se propagent suivant ces mêmes droites en restant tous constamment extraordinaires. A ces deux systèmes de rayons, distincts quoique superposés, correspondent deux systèmes d'ondes dont chacun, d'après le théorème précédent, coïncide avec le système des surfaces isopalmiques du milieu.

On peut encore remarquer, à propos de ce théorème, que, pour que toutes les droites formant un faisceau solide F puissent être des droites $(C_{o,e})$, il faut qu'en prenant un point quelconque O dans l'intérieur de ce faisceau, si l'on décrit d'un point quelconque comme centre, les deux nappes d'une surface d'onde caractéristique, relative au point O et correspondant à un temps quelconque, et qu'on mène des rayons vecteurs parallèles à toutes les droites du faisceau F qui rencontrent la surface isopalmique passant en O, chacun de ces rayons rencontre les deux nappes en deux points où les plans tangents à ces nappes soient parallèles entre eux, et cela quel que soit le point O. Cette condition ne pourra jamais être remplie si les rayons vecteurs menés parallèlement aux droites du faisceau F forment un faisceau solide, car les deux nappes d'une même surface d'onde caractéristique ne peuvent jamais être semblables et semblablement placées par rapport à leur centre commun, même dans une partie de leur étendue. Pour que toutes les droites qui forment le faisceau F puissent être des droites $(C_{o,e})$, il faut donc qu'en menant, par un point quelconque O pris dans l'intérieur du faisceau, des parallèles à toutes les droites du faisceau F qui rencontrent la surface isopalmique passant en O, ces parallèles forment une surface, et non un faisceau solide; cette condition nécessaire n'est pas suffisante.

Nous allons maintenant démontrer les réciproques des dernières parties des théorèmes XXVII et XXXI. Supposons que, parmi les ondes qui correspondent à un système de rayons issus d'un même point et de même espèce se propageant dans un milieu hétérogène quelconque, il y en ait une qui soit tangente en un certain point O à une surface isopalmique du milieu; le rayon du système qui passe en O aura en ce point une direction conjuguée, ordinairement ou extraordinairement suivant la nature des rayons, à celle du plan tangent mené en O à la surface isopalmique qui passe par ce point (théorème XXII), et, par suite, présentera un point d'inflexion en O (théorème XXIII); donc :

THÉORÈME XXXIII. — *Lorsqu'il se propage, dans un milieu hétérogène quelconque, un système de rayons issus d'un même point et de même espèce, si l'une des ondes qui corres-*

pondent à ce système de rayons est tangente en un point O à une surface isopalmique du milieu, le rayon du système qui passe en O présente en O un point d'inflexion.

Si le système des ondes se confond avec celui des surfaces isopalmiques, chacun des points d'un des rayons du système devra être un point d'inflexion, et, par suite, ces rayons devront tous être rectilignes ; donc :

THÉORÈME XXXIV. — *Lorsque, dans un milieu hétérogène quelconque, le système des ondes qui correspondent à un système de rayons issus d'un même point et de même espèce se confond avec le système des surfaces isopalmiques du milieu, tous les rayons du système sont rectilignes.*

C. — *De la propagation des rayons rectilignes et parallèles dans un milieu hétérogène quelconque.*

Supposons d'abord que, parmi les rayons issus d'un même point et de même espèce qui se propagent dans un milieu hétérogène quelconque, il y en ait une infinité, formant une surface cylindrique Σ, qui soient rectilignes et parallèles entre eux : si tous ces rayons parallèles se meuvent suivant des droites (G), on n'en peut rien conclure pour les surfaces isopalmiques ; mais s'ils se propagent suivant des droites (C_0) ou (C_e), les plans tangents, menés à une quelconque des surfaces isopalmiques du milieu aux différents points de la courbe C suivant laquelle cette surface est coupée par la surface cylindrique Σ, doivent avoir une direction conjuguée, ordinairement ou extraordinairement suivant la nature des rayons, à la direction commune des rayons parallèles. Or, sur une même surface isopalmique, la direction du plan conjugué ordinairement ou extraordinairement à une droite de direction donnée reste constante ; donc le plan tangent à la surface isopalmique, le long de la courbe C, doit rester parallèle à lui-même et, par suite, cette surface est tangente à un même plan suivant la courbe C ; d'après le théorème XXIX, la surface isopalmique doit d'ailleurs être tangente suivant la même courbe à l'une des ondes qui correspondent au système des rayons ; donc :

THÉORÈME XXXV. — *Pour que, dans un milieu hétérogène quelconque, une infinité de droites parallèles, formant une surface cylindrique Σ, puissent être suivies chacune par un rayon qui se propage dans le milieu sans se réfléchir et sans changer de nature par réfraction, il faut et il suffit, ou que chacune de ces droites soit une droite (G), ou que chacune des surfaces isopalmiques du milieu, le long de la courbe suivant laquelle elle est* *coupée par la surface cylindrique* Σ, *soit tangente à un même plan dont la direction soit, sur cette surface isopalmique, conjuguée, ordinairement ou extraordinairement selon la nature des rayons, à la direction commune des rayons parallèles.*

Si, parmi les rayons issus d'un même point et de même espèce qui se propagent dans un milieu hétérogène quelconque, il y a une infinité de rayons parallèles, formant une surface cylindrique Σ, *qui suivent des droites* (C_o) *ou* (C_e), *chacune des ondes qui correspondent à ces rayons, le long de la courbe suivant laquelle elle est coupée par la surface cylindrique* Σ, *est tangente à la fois à une même surface isopalmique et à un même plan.*

Il est clair que la surface cylindrique Σ peut, comme cas particulier, se réduire à une surface plane, sans que le théorème précédent cesse d'être vrai.

On peut remarquer encore que les plans tangents singuliers, qui touchent à la fois le long d'une courbe une surface isopalmique et une onde, ne sont pas, en général, parallèles entre eux; car, dans un milieu hétérogène quelconque, la direction du plan conjugué ordinairement ou extraordinairement à une droite de direction donnée varie, en général, quand on passe d'une surface isopalmique à l'autre.

Le théorème XXX conduit de même à la proposition suivante :

THÉORÈME XXXVI. — *Pour que, dans un milieu hétérogène biréfringent, une infinité de droites parallèles, formant une surface cylindrique* Σ, *puissent être suivies chacune par un rayon qui se propage sans jamais se diviser par réfraction, il faut et il suffit, ou que chacune de ces droites soit une droite* (G), *ou que chacune des surfaces isopalmiques du milieu soit tangente, le long de la courbe suivant laquelle elle est coupée par la surface cylindrique* Σ, *à un même plan, et que la direction de ce plan soit, sur cette surface isopalmique, doublement conjuguée à la direction commune des rayons parallèles.*

Si, parmi les rayons issus d'un même point et de même espèce qui se propagent dans un milieu hétérogène biréfringent, il y a une infinité de rayons parallèles, formant une surface cylindrique Σ, *qui suivent des droites* $(C_{o,e})$, *chacune des ondes qui correspondent à ce système de rayons, le long de la courbe suivant laquelle elle est coupée par la surface cylindrique* Σ, *est tangente à la fois à une même surface isopalmique et à un même plan.*

Ici encore la surface cylindrique Σ peut, comme cas particulier, se réduire à un plan. Les remarques faites à propos du théorème XXX sont du reste applicables au théorème précédent. On peut ajouter que, pour que toutes les droites formant une certaine surface cylindrique Σ puissent être des droites $(C_{o,e})$, il faut que, sur chaque surface isopalmique, les directions des plans conjugués ordinairement et extraordinairement à la direction commune de ces droites se confondent.

Passons maintenant au cas où, parmi les rayons issus d'un même point et de même espèce qui se propagent dans un milieu hétérogène quelconque, il y en a une infinité, formant un faisceau solide F, qui sont rectilignes et parallèles entre eux. Si tous les rayons parallèles suivent des droites (G), les surfaces isopalmiques du milieu, dans la partie de leur étendue comprise dans le faisceau F, forment, ou un système de surfaces cylindriques dont les génératrices sont toutes parallèles entre elles, ou un système de plans parallèles ; si tous les rayons parallèles suivent des droites (C_o) ou (C_e) , le plan tangent à chaque surface isopalmique doit conserver une direction constante sur toute la partie de cette surface qui est comprise dans le faisceau F, et, par suite, cette partie de la surface isopalmique doit être plane et la direction de chaque surface isopalmique doit être, sur cette surface, conjuguée, ordinairement ou extraordinairement suivant la nature des rayons, à la direction commune des rayons parallèles ; donc :

Théorème XXXVII. — *Pour que, dans un milieu hétérogène quelconque, une infinité de droites parallèles, formant un faisceau solide F, puissent être suivies chacune par un rayon qui se propage dans le milieu sans se réfléchir et sans changer de nature par réfraction, il faut et il suffit que les surfaces isopalmiques du milieu, dans la partie de leur étendue comprise dans le faisceau F, forment un système de surfaces cylindriques dont les génératrices soient toutes parallèles à la direction commune des droites du faisceau F ou un système de plans parallèles entre eux et parallèles aux droites du faisceau F, ou encore que chacune des surfaces isopalmiques soit plane dans la partie de son étendue comprise dans le faisceau F et que la direction de chaque surface isopalmique plane soit, sur cette surface, conjuguée, ordinairement ou extraordinairement suivant que les rayons doivent être ordinaires ou extraordinaires, à la direction commune des droites du faisceau F.*

Si, parmi les rayons issus d'un même point et de même espèce qui se propagent dans un milieu hétérogène quelconque, il y a une infinité de rayons parallèles formant un faisceau solide F qui suivent des droites (C_o) ou (C_e), chacune des ondes qui correspondent au système des rayons est plane dans la partie de son étendue comprise dans le faisceau F et se confond dans cette partie avec une surface isopalmique.

Si tous les rayons issus d'un même point et de même espèce qui se propagent dans un milieu hétérogène quelconque suivent des droites (C_o) ou (C_e) et sont parallèles entre eux, les ondes qui correspondent à ce système de rayons sont planes et se confondent avec les surfaces isopalmiques.

Il faut remarquer que, dans ce dernier cas, chacune des ondes ne coïncide qu'avec une partie d'une surface isopalmique, à moins que le système des rayons ne remplisse tout l'espace. On voit de plus qu'une onde plane qui se propage dans un milieu hétérogène quelconque ne reste pas nécessairement parallèle à elle-même en se déplaçant.

Dans un milieu hétérogène quelconque, de ce qu'une onde correspondant à un système de rayons issus d'un même point et de même espèce est plane, on ne peut pas conclure que ces rayons, aux points où ils rencontrent cette onde, aient des directions parallèles, à moins cependant que cette onde ne se confonde avec une surface isopalmique, car on sait que, sur une surface isopalmique, la direction de la droite conjuguée ordinairement ou extraordinairement à un plan de direction donnée reste constante; donc :

THÉORÈME XXXVIII. — *Si, dans un milieu hétérogène quelconque, une des ondes correspondant à un système de rayons issus d'un même point et de même espèce est plane et se confond avec une surface isopalmique, tous les rayons aux points où ils rencontrent cette onde ont des directions parallèles.*

De même, si toutes les ondes sont planes, on n'en peut conclure ni que les rayons soient rectilignes, ni qu'ils soient parallèles, à moins que ces ondes planes ne se confondent avec le système des surfaces isopalmiques ; dans ce cas, en effet, d'après le théorème XXXIV, les rayons sont rectilignes, et le théorème précédent montre qu'ils sont parallèles ; donc :

THÉORÈME XXXIX. — *Si, dans un milieu hétérogène quelconque, toutes les ondes correspondant à un système de rayons issus d'un même point et de même espèce sont planes et se confondent avec les surfaces isopalmiques du milieu, tous les rayons du système sont rectilignes et parallèles entre eux.*

Il est bien entendu que dans toute cette discussion, pour ne pas la compliquer encore davantage, nous avons laissé de côté les exceptions très-particulières qui se présentent dans les milieux hétérogènes biaxes par suite de l'existence des directions singulières et des plans tangents singuliers.

Du théorème XXXII nous déduirons encore la proposition suivante, analogue au théorème XXXVII.

THÉORÈME XL. — *Pour que, dans un milieu hétérogène biréfringent, une infinité de droites, formant un faisceau solide* F, *puissent être suivies chacune par un rayon qui se propage sans jamais se diviser par réfraction, toutes ces droites étant parallèles entre elles, il faut et il suffit que les surfaces isopalmiques du milieu, dans la partie de leur étendue comprise dans le faisceau* F, *forment un système de surfaces cylindriques dont les génératrices soient toutes parallèles à la direction commune des droites du faisceau F, ou un système de plans parallèles entre eux et parallèles aux droites du faisceau F, ou encore que chacune des surfaces isopalmiques, dans la partie de son étendue comprise dans le faisceau F, soit plane, et que la direction de chaque surface isopalmique plane soit, sur cette surface, doublement conjuguée à celle des droites du faisceau F.*

Si, parmi les rayons issus d'un même point et de même espèce qui se propagent dans un milieu hétérogène biréfringent, il y a une infinité de rayons parallèles qui suivent sans jamais se diviser par réfraction des droites $(C_{o,e})$, *ces rayons formant un faisceau solide F, chacune des ondes qui correspondent à ces rayons est plane dans la partie de son étendue comprise dans le faisceau F et se confond dans cette partie avec une surface isopalmique.*

Si tous les rayons issus d'un même point et de même espèce qui se propagent dans un milieu hétérogène biréfringent suivent des droites $(C_{o,e})$ *sans jamais se diviser par réfraction et sont parallèles entre eux, les ondes qui correspondent à ce système de rayons sont planes et se confondent avec les surfaces isopalmiques.*

On peut encore remarquer ici que, pour qu'une infinité de droites parallèles formant un faisceau solide puissent être des droites $(C_{o,e})$, il faut que, sur chaque surface isopalmique, les directions des plans conjugués ordinairement et extraordinairement à la direction de ces droites parallèles se confondent.

Enfin au théorème XXXIX correspondra, dans le cas actuel, la proposition suivante :

Théorème XLI. — *Si, dans un milieu hétérogène biréfringent, toutes les ondes correspondant à un système de rayons issus d'un même point et de même espèce sont planes et se confondent avec les surfaces isopalmiques ; si, de plus, sur chaque surface isopalmique, les directions des droites conjuguées ordinairement et extraordinairement au plan que forme cette surface se confondent, tous les rayons du système sont rectilignes, parallèles entre eux et se propagent sans jamais se diviser par réfraction.*

D. — *De la propagation dans un milieu hétérogène quelconque des rayons rectilignes dont les directions concourent en un même point.*

Supposons qu'un point lumineux O, situé dans un milieu hétérogène quelconque, puisse émettre une infinité de rayons rectilignes de même espèce, formant une surface conique Σ, ou que, dans un pareil milieu, une infinité de rayons rectilignes, issus d'un même point et de même espèce, formant une surface conique Σ, aillent concourir en un même point O situé dans le milieu.

Si ces rayons suivent tous des droites (G), comme ils se rencontrent au

— 67 —

point O, et que deux surfaces isopalmiques différentes ne peuvent jamais avoir de point commun, ils doivent se trouver tous sur une même surface isopalmique, ce qui signifie que la surface conique Σ se confond avec une surface isopalmique. Si tous ces rayons suivent des droites (C_o) ou (C_e), en considérant la courbe C suivant laquelle une surface isopalmique est coupée par la surface Σ, on voit qu'en chaque point de cette courbe , la surface isopalmique doit être tangente à la nappe, de même nature que les rayons, d'une surface d'onde caractéristique, relative à cette surface isopalmique et décrite du point O comme centre. Si cette surface d'onde caractéristique n'était pas la même pour les différents points de la courbe C, la surface isopalmique envelopperait suivant la courbe C les nappes, de même nature que les rayons, de surfaces d'onde caractéristiques, relatives à cette surface isopalmique, décrites du point O comme centre et correspondant à des temps différents, ce qui est impossible, puisque ces nappes sont semblables et semblablement placées par rapport au point O. Donc chaque surface isopalmique, le long de la courbe suivant laquelle elle est coupée par la surface conique Σ, est tangente à la nappe, de même nature que les rayons, d'une surface d'onde caractéristique, relative à cette surface isopalmique et décrite du point O comme centre. Réciproquement, si cette condition est satisfaite pour chaque surface isopalmique, chacune des génératrices de la surface conique Σ est une droite (C_o) ou (C_e) et peut être suivie par un rayon ; donc :

THÉORÈME XLII. — *Pour qu'un point lumineux O, situé dans un milieu hétérogène quelconque, émette une infinité de rayons de même espèce, rectilignes et formant une surface conique Σ, ou pour qu'une infinité de rayons issus d'un même point et de même espèce, tous rectilignes et formant une surface conique Σ, puissent concourir en un foyer O situé dans un milieu hétérogène quelconque, il faut et il suffit, ou que la surface conique Σ soit une surface isopalmique, ou que chaque surface isopalmique soit tangente, le long de la courbe suivant laquelle elle est coupée par la surface conique Σ, à la nappe, de même nature que les rayons, d'une surface d'onde caractéristique, décrite du point O comme centre et relative à cette surface isopalmique.*

Si c'est la seconde condition qui est remplie, c'est-à-dire si, parmi les rayons de même espèce émanés d'un point O situé dans un milieu hétérogène quelconque, ou parmi les rayons issus d'un même point et de même espèce qui se propagent dans ce milieu, il y en a une infinité, formant une surface conique Σ dont le sommet se trouve en O, qui suivent des droites (C_o) ou (C_e), chacune des ondes qui correspondent à ce système de rayons est tangente à la fois, le long de la courbe suivant laquelle elle est coupée par la surface conique Σ, à une surface isopalmique et à la nappe, de même nature que les rayons, d'une surface d'onde caractéristique, décrite du point O comme centre et relative à cette surface isopalmique.

La surface conique Σ peut, bien entendu, se réduire à une surface plane sans que le théorème précédent cesse d'être vrai.

Le théorème XXX nous conduira de même à la proposition suivante :

THÉORÈME XLIII. — *Pour qu'un point lumineux* O, *situé dans un milieu hétérogène biréfringent, émette une infinité de rayons de même espèce, formant une surface conique* Σ, *qui se propagent en ligne droite sans jamais se diviser par réfraction, ou pour qu'une infinité de rayons issus d'un même point et de même espèce, formant une surface conique* Σ *et se propageant en ligne droite sans jamais se diviser par réfraction, puissent concourir en un foyer* O *situé dans un milieu hétérogène biréfringent, il faut et il suffit, ou que la surface conique* Σ *soit une surface isopalmique, ou que chaque surface isopalmique, le long de la courbe suivant laquelle elle est coupée par la surface conique* Σ, *soit tangente à la fois à la nappe ordinaire d'une certaine surface d'onde caractéristique, relative à cette surface isopalmique et décrite du point* O *comme centre, et à la nappe extraordinaire d'une autre surface d'onde caractéristique, également relative à cette surface isopalmique et décrite du point* O *comme centre.*

Si c'est la seconde condition qui est remplie, c'est-à-dire si, parmi les rayons de même espèce émanés d'un point lumineux O, *situé dans un milieu hétérogène biréfringent, ou parmi les rayons issus d'un même point et de même espèce qui se propagent dans un tel milieu, il y en a une infinité, formant une surface conique* Σ *dont le sommet se trouve en* O, *qui suivent des droites* $(\mathrm{O}_{o,e})$ *sans jamais se diviser par réfraction, chacune des ondes qui correspondent à ce système de rayons, le long de la courbe suivant laquelle elle est coupée par la surface conique* Σ, *est tangente à la fois à une surface isopalmique, à la nappe ordinaire d'une surface d'onde caractéristique, relative à cette surface isopalmique et décrite du point* O *comme centre, et à la nappe extraordinaire d'une autre surface d'onde caractéristique, également relative à cette surface isopalmique et décrite du point* O *comme centre.*

Remarquons que, pour que cette seconde condition puisse être satisfaite, il faut qu'en prenant un point quelconque A sur la surface conique Σ, si l'on décrit, d'un point quelconque comme centre, les deux nappes d'une surface d'onde caractéristique, relative au point A et correspondant à un temps quelconque, et qu'on mène des rayons vecteurs parallèles à toutes les génératrices de la surface conique Σ qui rencontrent la surface isopalmique passant en A, chacun de ces rayons vecteurs rencontre les deux nappes en deux points où les plans tangents à ces nappes soient parallèles entre eux, et cela quel que soit le point A; c'est ce qui arrivera, par exemple, si le milieu étant uniaxe et la direction de l'axe étant la même en ses différents points, la surface Σ se réduit à une surface plane perpendiculaire à l'axe.

Supposons enfin qu'un point lumineux O, situé dans un milieu hétérogène quelconque, émette une infinité de rayons rectilignes de même espèce, formant un faisceau solide F, ou que, dans un pareil milieu, une infinité de rayons issus d'un même point et de même espèce, formant un faisceau solide F, aillent concourir en un même point O situé dans le milieu. Si toutes les droites du faisceau F étaient des droites (G), elles devraient, puisqu'elles passent toutes par le point O, se trouver sur une même surface isopalmique, ce qui est impossible, ces droites formant un faisceau solide. Toutes les droites du faisceau F sont donc des droites (C_o) ou (C_r). mais alors chaque surface isopalmique doit être, en chaque point de la partie de son étendue comprise dans le faisceau F, tangente à la nappe, de même nature que les rayons, d'une surface d'onde caractéristique, relative à cette surface isopalmique et décrite du point O comme centre, ce qui n'est possible qu'autant que la surface isopalmique, dans la partie de son étendue comprise dans le faisceau F, coïncide avec cette nappe. Réciproquement, si cette condition est remplie pour chaque surface isopalmique, chaque droite du faisceau F est une droite (C_o) ou (C_r) et peut, par conséquent, être suivie par un rayon ; donc :

THÉORÈME XLIV. — *Pour qu'un point lumineux O, situé dans un milieu hétérogène quelconque, émette une infinité de rayons de même espèce, tous rectilignes et formant un faisceau solide F, ou pour qu'une infinité de rayons issus d'un même point et de même espèce, tous rectilignes et formant un faisceau solide F, puissent concourir en un même point O situé dans un milieu hétérogène quelconque, il faut et il suffit que chaque surface isopalmique, dans la partie de son étendue comprise dans le faisceau F, coïncide avec la nappe, de même nature que les rayons, d'une surface d'onde caractéristique, décrite du point O comme centre et relative à cette surface isopalmique.*

Si, parmi les rayons de même espèce émanés d'un point O situé dans un milieu hétérogène quelconque, il y en a une infinité, formant un faisceau solide F, qui sont rectilignes, ou si, parmi les rayons issus d'un même point et de même espèce qui se propagent dans un milieu hétérogène quelconque, il y en a une infinité, tous rectilignes et formant un faisceau solide F, qui concourent en un même point O du milieu, chacune des ondes qui correspondent à ce système de rayons, dans la partie de son étendue comprise dans le faisceau F, coïncide à la fois avec une surface isopalmique et avec la nappe, de même nature que les rayons, d'une surface d'onde caractéristique, relative à cette surface isopalmique et décrite du point O comme centre.

THÉORÈME XLV. — *Pour qu'un point lumineux O, situé dans un milieu hétérogène quelconque, émette dans toutes les directions des rayons rectilignes de même espèce, il faut et il suffit que chaque surface isopalmique du milieu coïncide avec la nappe, de même nature que les rayons, d'une surface d'onde caractéristique, relative à cette surface isopalmique et décrite du point O comme centre.*

Si, dans un milieu hétérogène quelconque, un point lumineux O émet dans toutes les directions des rayons de même espèce qui se propagent tous en ligne droite, chacune des ondes qui correspondent à ce système de rayons coïncide à la fois avec une surface isopalmique et avec la nappe, de même nature que les rayons, d'une surface d'onde caractéristique, relative à cette surface isopalmique et décrite du point O comme centre.

La condition posée dans ce théorème n'implique nullement que les surfaces isopalmiques, et par suite les ondes qui coïncident avec elles, soient des surfaces semblables et semblablement placées par rapport au point O; on peut remarquer seulement que toutes ces surfaces ont pour centre le point O, et que celle qui passe en O se réduit à ce point, ce qui s'accorde parfaitement avec le théorème XXVI.

Cette condition, dans un milieu continu, ne peut évidemment être satisfaite que pour un seul point du milieu, les rayons étant de nature donnée; donc :

Théorème XLVI. — *Si dans un milieu continu il existe plus d'un point à partir duquel des rayons de nature donnée peuvent se propager en ligne droite dans toutes les directions, ce milieu est homogène.*

Nous avons vu (théorème XXXIV) que, si les ondes correspondant, dans un milieu hétérogène quelconque, à un système de rayons issus d'un même point et de même espèce coïncident avec les surfaces isopalmiques, les rayons sont tous rectilignes; si de plus les surfaces isopalmiques remplissent la condition spécifiée dans les théorèmes XLIV et XLV, tous ces rayons rectilignes passent par un même point O ; donc :

Théorème XLVII. — *Si, dans un milieu hétérogène quelconque, chacune des ondes correspondant à un système de rayons issus d'un même point et de même espèce coïncide à la fois avec une surface isopalmique et avec la nappe, de même nature que les rayons, d'une surface d'onde caractéristique, relative à cette surface isopalmique et décrite d'un certain point O du milieu comme centre, les rayons du système sont tous rectilignes et émanent tous du point O ou concourent tous au point O.*

On peut se demander enfin si, dans un milieu hétérogène biréfringent, il est possible qu'un point lumineux émette une infinité de rayons de même espèce, formant un faisceau solide F, qui se propagent en ligne droite et sans jamais se diviser par réfraction, ou que, parmi les rayons issus d'un même point et de même espèce qui se meuvent dans un pareil milieu, il y en ait une infinité, formant un faisceau solide F, se propageant en ligne droite et sans jamais se diviser par réfraction, qui aillent concourir en un même point du milieu. Il est aisé de voir qu'il ne peut en être ainsi : en premier lieu, ces rayons formant un faisceau solide et passant par un même point O ne peuvent suivre des droites (G); ils devraient donc tous suivre des droites $(C_{o,e})$; mais alors il en résulterait que chaque surface isopalmique, dans la partie de son étendue comprise dans le faisceau F, devrait se confondre à la fois avec la nappe ordinaire d'une surface d'onde caractéristique, relative à cette surface isopalmique et décrite du point O comme centre, et avec la nappe extraordinaire d'une autre surface d'onde caractéristique, relative aussi à cette surface isopalmique et décrite du même point O comme centre, ce qui est impossible, car les deux nappes d'une même surface d'onde caractéristique ne peuvent jamais être semblables et semblablement placées par rapport à leur centre commun, même dans une partie seulement de leur étendue. Donc :

Théorème XLVIII. — *Si, dans un milieu biréfringent, un point peut émettre suivant une infinité de directions, formant un faisceau solide, des rayons de même espèce qui se propagent en ligne droite et sans jamais se diviser par réfraction, ce milieu est homogène.*

E. — *De la propagation de la lumière dans les milieux hétérogènes homopalmiques.*

Il existe toute une classe de milieux hétérogènes dont la constitution optique se distingue par sa simplicité : cette classe comprend les milieux hétérogènes dans lesquels les surfaces d'onde caractéristiques, relatives aux différents points du milieu et correspondant à un même temps, sans être identiques comme dans les milieux homogènes, sont semblables et semblablement placées, c'est-à-dire placées de façon que les rayons vecteurs homologues soient parallèles; nous les appellerons milieux *homopalmiques*.

Un milieu homopalmique est caractérisé dès qu'on connaît une des surfaces d'onde caractéristiques relatives à un quelconque des points de ce milieu. Quand il s'agira d'un milieu homopalmique, nous pourrons donc, comme pour les milieux homogènes, parler des surfaces d'onde caractéristiques du milieu sans indiquer à quel point du milieu ces surfaces se rapportent; mais, pour définir complètement au point de vue optique un milieu homopalmique, il faut, comme pour les milieux hétérogènes quelconques, faire connaître le système des surfaces isopalmiques, et indiquer quelle est, sur chacune de ces surfaces isopalmiques, la surface d'onde caractéristique correspondant à l'unité de temps.

Bien que, dans les milieux homopalmiques comme dans les milieux hétérogènes quelconques, les rayons se propagent, en général, suivant des lignes à double
courbure, ces milieux participent d'un certain nombre de propriétés appartenant aux milieux homogènes, ce qui tient à ce que les théorèmes II et III sont
applicables aux milieux homopalmiques. Dans un milieu homopalmique, en
effet, les surfaces d'onde caractéristiques relatives aux différents points du milieu
étant toutes semblables et semblablement placées, la direction du plan tangent
qui, sur les nappes de même nature de toutes ces surfaces d'onde caractéristiques, est conjugué à une certaine direction du rayon vecteur est constante, et réciproquement. Cette remarque, combinée avec le théorème XXII, nous conduit à
la proposition suivante, qui n'est autre que le théorème III étendu aux milieux
homopalmiques :

Théorème XLIX. — *Lorsqu'un système de rayons issus d'un même point et de même
espèce se propage dans un milieu homopalmique quelconque, il existe entre la direction
du plan tangent en O à l'une des ondes qui correspondent à ce système de rayons et la
direction que présente en O le rayon qui passe par ce point une liaison qui est constante
dans un même milieu homopalmique pour des rayons de même nature, et cette liaison
est la même que celle qui existe entre la direction du plan tangent à la nappe, de même
nature que les rayons, d'une des surfaces d'onde caractéristiques du milieu et la direction
du rayon vecteur de cette surface qui passe par le point de contact.*

On voit, d'après cela, que dans un milieu homopalmique comme dans un milieu homogène, à une direction donnée pour un rayon de nature également donnée est conjuguée, en général, une direction unique pour le plan tangent à
l'onde, et réciproquement. Il n'y a d'exception à cette règle que dans le cas très-
particulier où, le milieu homopalmique étant biaxe, la direction donnée pour le
rayon est parallèle à l'une des directions singulières du milieu, ou bien la direction
donnée pour le plan tangent à l'onde est parallèle à l'un des plans tangents singuliers que l'on peut mener aux surfaces d'onde caractéristiques du milieu. Nous
pourrons donc, pour les milieux homopalmiques comme pour les milieux homogènes, parler de la direction de la droite conjuguée ordinairement ou extraordinairement à un plan de direction donnée et de la direction du plan conjugué ordinairement ou extraordinairement à une droite de direction donnée, sans indiquer par rapport à quel point du milieu ou pour quelle surface isopalmique le
plan et la droite sont conjugués l'un à l'autre.

Il résulte de ce qui précède que, si dans un milieu homopalmique la direction
d'un rayon reste constante, c'est-à-dire si ce rayon est rectiligne, la direction

du plan tangent à l'onde demeure également constante, et réciproquement ;
donc :

THÉORÈME L. — *Lorsqu'un système de rayons issus d'un même point et de même espèce se propage dans un milieu homopalmique quelconque, les plans tangents, menés aux ondes qui correspondent à ce système de rayons aux points où elles sont rencontrées par un même rayon rectiligne, sont parallèles entre eux, et réciproquement, si les plans tangents menés à ces ondes aux points où elles sont rencontrées par un même rayon sont tous parallèles entre eux, ce rayon est rectiligne.*

Ce théorème souffre, lorsque le milieu est biaxe, deux exceptions particulières tout à fait analogues à celles que nous avons signalées pour les milieux homogènes, et qui se présentent quand le rayon rectiligne est parallèle à l'une des directions singulières du milieu, et quand les plans tangents aux ondes sont parallèles à l'un des plans tangents singuliers des surfaces d'onde caractéristiques du milieu : dans le premier cas, à la direction du rayon sont conjuguées pour le plan tangent à l'onde une infinité de directions formant l'enveloppe d'un cône ; dans le second cas, à la direction commune des plans tangents aux ondes sont conjuguées pour le rayon une infinité de directions formant un cône.

Pour qu'une droite située dans un milieu homopalmique soit une droite conjuguée commune aux surfaces isopalmiques, il faut et il suffit, d'après ce que nous venons de dire : 1° que les plans tangents menés aux surfaces isopalmiques aux points où elles sont rencontrées par cette droite soient parallèles entre eux ; 2° que la direction commune de ces plans soit conjuguée ordinairement ou extraordinairement à celle de la droite.

Pour qu'une droite située dans un milieu homopalmique soit une droite doublement conjuguée commune aux surfaces isopalmiques, il faut et il suffit : 1° que les plans tangents menés aux surfaces isopalmiques aux points où elles sont rencontrées par cette droite soient parallèles entre eux ; 2° que la direction commune de ces plans soit conjuguée à la fois ordinairement et extraordinairement à celle de la droite. Cette dernière condition suppose que, si l'on décrit, d'un point quelconque comme centre, les deux nappes d'une des surfaces d'onde caractéristiques du milieu et qu'on mène un rayon vecteur parallèle à la droite, les plans tangents aux deux nappes aux points où elles sont rencontrées par ce rayon vecteur sont parallèles entre eux.

Les propositions que nous avons démontrées pour les milieux hétérogènes quelconques, depuis le théorème XXIII jusqu'au théorème XXXIV, sont applicables aux milieux homopalmiques sans autre modification que la suppression dans l'énoncé des théorèmes XXIII et XXIV des mots « pour le point O » indiquant que la direction du rayon en O doit être conjuguée par rapport au point O à celle du plan tangent mené en O à la surface isopalmique qui passe en ce point.

Les théorèmes suivants subissent, lorsqu'on les restreint aux milieux homopalmiques, des simplifications assez notables; il suffira de donner les énoncés de ces nouvelles propositions qui se déduisent comme cas particuliers des théorèmes démontrés pour les milieux hétérogènes quelconques. (Nous indiquerons par un chiffre placé entre parenthèses à la suite du titre de chaque proposition le théorème relatif aux milieux hétérogènes quelconques dont elle se déduit.)

THÉORÈME LI (35). — *Pour que, dans un milieu homopalmique quelconque, une infinité de droites parallèles, formant une surface cylindrique Σ, puissent être suivies chacune par un rayon qui se propage dans le milieu sans se réfléchir et sans changer de nature par réfraction, il faut et il suffit que chacune de ces droites soit une droite (G) ou que chacune des surfaces isopalmiques du milieu, le long de la courbe suivant laquelle elle est coupée par la surface cylindrique Σ, soit tangente à un même plan dont la direction soit conjuguée, ordinairement ou extraordinairement suivant la nature des rayons, à la direction commune des rayons parallèles.*

Si, parmi les rayons issus d'un même point et de même espèce qui se propagent dans un milieu homopalmique quelconque, il y a une infinité de rayons parallèles, formant une surface cylindrique Σ, qui suivent des droites (C_o) ou (C_e), chacune des ondes qui correspondent à ce système de rayons est tangente à la fois, le long de la courbe suivant laquelle elle est coupée par la surface cylindrique Σ, à une même surface isopalmique et à un même plan dont la direction reste constante quand l'onde se déplace.

Dans un milieu homopalmique les plans tangents singuliers, qui touchent le long de la même courbe une surface isopalmique et une onde, sont tous parallèles entre eux, ce qui n'a pas lieu nécessairement dans un milieu hétérogène quelconque.

THÉORÈME LII (36). — *Pour que, dans un milieu homopalmique biréfringent, une infinité de droites parallèles, formant une surface cylindrique Σ, puissent être suivies chacune par un rayon qui se propage sans jamais se diviser par réfraction, il faut et il suffit que chacune de ces droites soit une droite (G) ou que chacune des surfaces isopalmiques du milieu soit tangente, le long de la courbe suivant laquelle elle est coupée par la surface cylindrique Σ, à un même plan dont la direction soit doublement conjuguée à celle des rayons parallèles.*

Si, parmi les rayons issus d'un même point et de même espèce qui se propagent dans un milieu homopalmique biréfringent, il y a une infinité de rayons parallèles, formant une surface cylindrique Σ, qui suivent des droites $(C_{o,e})$, *chacune des ondes qui correspondent à ce système de rayons, le long de la courbe suivant laquelle elle est coupée par la surface cylindrique Σ, est tangente à la fois à une même surface isopalmique et à un même plan dont la direction reste constante quand l'onde se déplace.*

Ici encore les plans tangents singuliers, qui touchent le long de la même courbe une surface isopalmique et une onde, sont tous parallèles entre eux ; de plus, la direction commune de ces plans doit être telle que, si d'un point quelconque comme centre on décrit les deux nappes d'une des surfaces d'onde caractéristiques du milieu et qu'on mène à ces deux nappes deux plans tangents parallèles à la direction commune des plans tangents singuliers, les deux points de contact se trouvent sur un même rayon vecteur.

On peut aussi remarquer, à propos des théorèmes précédents, que la surface cylindrique Σ peut, comme cas particulier, se réduire à une surface plane.

THÉORÈME LIII (37). — *Pour que, dans un milieu homopalmique quelconque, une infinité de droites parallèles, formant un faisceau solide* F, *puissent être suivies chacune par un rayon qui se propage dans le milieu sans se réfléchir et sans changer de nature par réfraction, il faut et il suffit que les surfaces isopalmiques du milieu, dans la partie de leur étendue comprise dans le faisceau* F, *forment un système de surfaces cylindriques dont les génératrices soient toutes parallèles aux droites du faisceau* F, *ou encore un système de plans parallèles entre eux dont la direction commune soit parallèle à celle des droites du faisceau* F *ou conjuguée, ordinairement ou extraordinairement suivant la nature des rayons, à celle des droites du faisceau* F.

THÉORÈME LIV. — *Si, parmi les rayons issus d'un même point et de même espèce qui se propagent dans un milieu homopalmique quelconque, il y en a une infinité, formant un faisceau solide* F, *qui ont des directions parallèles aux points où ils rencontrent une même onde, cette onde est plane dans la partie de son étendue comprise dans le faisceau* F.

Si tous les rayons issus d'un même point et de même espèce qui se propagent dans un milieu homopalmique quelconque ont des directions parallèles aux points où ils rencontrent une même onde, cette onde est plane, mais ne se confond pas nécessairement avec une surface isopalmique.

THÉORÈME LV. — *Si, dans un milieu homopalmique quelconque, une des ondes correspondant à un système de rayons issus d'un même point et de même espèce est plane, tous les rayons ont des directions parallèles aux points où ils rencontrent cette onde, sans qu'il soit nécessaire que cette onde coïncide avec une surface isopalmique.*

THÉORÈME LVI. — *Si, parmi les rayons issus d'un même point et de même espèce qui se propagent dans un milieu homopalmique quelconque, il y en a une infinité, for-mant un faisceau solide* F, *qui sont rectilignes et parallèles entre eux, les ondes corres-pondant à ce système de rayons, dans la partie de leur étendue comprise dans le faisceau* F, *sont planes et parallèles entre elles; mais ces ondes ne se confondent avec les surfaces isopalmiques que si tous les rayons du faisceau* F *suivent des droites* (C_o) *ou* (C_e).

Si tous les rayons issus d'un même point et de même espèce qui se propagent dans un milieu homopalmique quelconque sont rectilignes et parallèles entre eux, les ondes qui correspondent à ce système de rayons sont toutes planes et parallèles entre elles, mais ne se confondent avec les surfaces isopalmiques que si tous les rayons suivent des droites (C_o) *ou* (C_e).

THÉORÈME LVII. — *Si, dans un milieu homopalmique quelconque, toutes les ondes correspondant à un système de rayons issus d'un même point et de même espèce sont planes et parallèles entre elles, tous les rayons sont rectilignes et parallèles entre eux, sans qu'il soit nécessaire que le système des ondes se confonde avec celui des surfaces isopal-miques.*

Ces quatre théorèmes, qui n'ont pas d'analogues pour les milieux hétérogènes quelconques, découlent immédiatement du théorème XLIX et, comme celui-ci, souffrent deux exceptions particulières, qui se présentent lorsque, le milieu étant biaxe, les rayons sont parallèles à l'une des directions singulières du milieu, ou que l'onde plane est parallèle à l'un des plans tangents singuliers des surfaces d'onde caractéristiques du milieu.

Il résulte de ce qui précède que, si dans un milieu homopalmique quel-conque les surfaces isopalmiques forment un système de surfaces cylindriques parallèles, ne se réduisant pas à des surfaces planes, il ne peut se propager dans le milieu qu'un seul système de rayons rectilignes et parallèles entre eux, savoir le système des rayons qui suivent les génératrices des surfaces isopalmiques, et deux systèmes d'ondes planes et parallèles entre elles, dont les directions sont la direction conjuguée ordinairement à celle des génératrices des surfaces isopalmiques et la direction conjuguée extraordinairement à celle des mêmes génératrices. Mais, si les surfaces isopalmiques d'un milieu homopalmique sont planes et parallèles entre elles, il peut se propager dans ce milieu une infinité de systèmes de rayons rectilignes et parallèles entre eux, savoir : 1° deux systèmes de rayons rectilignes et parallèles, dont les directions sont conjuguées ordinairement et extraordinairement à la direction commune des surfaces pla-nes isopalmiques; 2° une infinité de systèmes de rayons rectilignes et parallèles, dont les directions sont simplement assujetties à être parallèles aux surfaces planes isopalmiques; dans un tel milieu peuvent également se propager une infinité de systèmes d'ondes planes et parallèles entre elles, savoir : 1° un système d'ondes planes et parallèles, qui se confond avec celui des surfaces isopalmiques; 2° une infinité de systèmes d'ondes planes et parallèles, dont les directions sont simplement assujetties à être conjuguées ordinairement ou extraordinairement à la direction d'une droite quelconque parallèle aux surfaces planes isopalmiques.

Théorème LVIII (40). — *Pour que, dans un milieu homopalmique biréfringent, une infinité de droites parallèles, formant un faisceau solide F, puissent être suivies chacune par un rayon qui se propage sans jamais se diviser par réfraction, il faut et il suffit que les surfaces isopalmiques du milieu, dans la partie de leur étendue comprise dans le faisceau F, forment un système de surfaces cylindriques dont les génératrices soient toutes parallèles à la direction commune des droites du faisceau F ou un système de plans parallèles entre eux et parallèles aux droites du faisceau F, ou encore un système de plans parallèles entre eux dont la direction commune soit doublement conjuguée à celle des droites du faisceau F.*

Théorème LIX (41). — *Si, dans un milieu homopalmique biréfringent, toutes les ondes correspondant à un système de rayons issus d'un même point et de même espèce sont planes et que, de plus, les directions conjuguées ordinairement et extraordinairement à la direction commune de ces ondes se confondent, tous les rayons sont rectilignes, parallèles entre eux et se propagent sans jamais se diviser par réfraction, sans qu'il soit nécessaire que le système des ondes coïncide avec celui des surfaces isopalmiques.*

Théorème LX (42). — *Pour qu'un point lumineux* O, *situé dans un milieu homopalmique quelconque, émette une infinité de rayons de même espèce, rectilignes et formant une surface conique* Σ, *ou pour qu'une infinité de rayons issus d'un même point et de même espèce, tous rectilignes et formant une surface conique* Σ, *puissent concourir en un foyer* O *situé dans un milieu homopalmique quelconque, il faut et il suffit, ou que la surface conique* Σ *soit une surface isopalmique, ou que chaque surface isopalmique soit tangente, le long de la courbe suivant laquelle elle est coupée par la surface conique* Σ, *à la nappe, de même nature que les rayons, d'une surface d'onde caractéristique du milieu décrite du point* O *comme centre.*

Si c'est la seconde condition qui est remplie, c'est-à-dire si, parmi les rayons de même espèce émanés d'un point O *situé dans un milieu homopalmique quelconque, ou parmi les rayons issus d'un même point et de même espèce qui se propagent dans un tel milieu, il y en a une infinité, formant une surface conique* Σ *dont le sommet se trouve en* O, *qui suivent des droites* (C_o) *ou* (C_e), *chacune des ondes qui correspondent à ce système de rayons est tangente à la fois, le long de la courbe suivant laquelle elle est coupée par la surface conique* Σ, *à une surface isopalmique et à la nappe, de même nature que les rayons, d'une surface d'onde caractéristique du milieu décrite du point* O *comme centre.*

La surface conique Σ peut, comme cas particulier, se réduire à un plan.

THÉORÈME LXI (43). — *Pour qu'un point lumineux* O, *situé dans un milieu homopalmique biréfringent, émette une infinité de rayons de même espèce, rectilignes, formant une surface conique* Σ *et se propageant sans jamais se diviser par réfraction, ou pour qu'une infinité de rayons issus d'un même point et de même espèce, tous rectilignes, formant une surface conique* Σ *et se propageant sans jamais se diviser par réfraction, puissent concourir en un foyer* O *situé dans un milieu hétérogène biréfringent, il faut et il suffit, ou que la surface* Σ *soit une surface isopalmique, ou que chaque surface iso-palmique, le long de la courbe suivant laquelle elle est coupée par la surface conique* Σ, *soit tangente à la fois à la nappe ordinaire d'une surface d'onde caractéristique du milieu décrite du point* O *comme centre et à la nappe extraordinaire d'une autre surface d'onde caractéristique du milieu également décrite du point* O *comme centre.*

Si c'est cette seconde condition qui est remplie, c'est-à-dire si, parmi les rayons de même espèce émanés d'un point lumineux O *situé dans un milieu homopalmique biréfrin-gent, ou parmi les rayons issus d'un même point et de même espèce qui se propagent dans un tel milieu, il y en a une infinité, formant une surface conique* Σ *dont le sommet se trouve en* O, *qui suivent des droites* (C$_{o,e}$) *sans jamais se diviser par réfraction, chacune des ondes qui correspondent à ce système de rayons, le long de la courbe suivant laquelle elle est coupée par la surface conique* Σ, *est tangente à la fois à une surface isopalmique, à la nappe ordinaire d'une surface d'onde caractéristique du milieu décrite du point* O *comme centre et à la nappe extraordinaire d'une autre surface d'onde caractéristique du milieu également décrite du point* O *comme centre.*

Pour que cette seconde condition puisse être satisfaite, il faut que, si l'on décrit, d'un point quelconque comme centre, les deux nappes d'une des sur-faces d'onde caractéristiques du milieu, et qu'on mène des rayons vecteurs pa-rallèles à toutes les génératrices de la surface conique Σ, chacun de ces rayons vecteurs rencontre les deux nappes en deux points où les plans tangents à ces nappes soient parallèles entre eux ; c'est ce qui arrivera, par exemple, si, le mi-lieu homopalmique étant uniaxe, la surface conique Σ se réduit à une surface plane perpendiculaire à l'axe.

THÉORÈME LXII (44). — *Pour qu'un point lumineux* O, *situé dans un milieu homo-palmique quelconque, émette une infinité de rayons de même espèce, tous rectilignes et formant un faisceau solide* F, *ou pour qu'une infinité de rayons issus d'un même point et de même espèce, tous rectilignes et formant un faisceau solide* F, *puissent concourir en un même point* O *situé dans un milieu homopalmique quelconque, il faut et il suffit que chaque surface isopalmique, dans la partie de son étendue comprise dans le faisceau* F. *coïncide avec la nappe, de même nature que les rayons, d'une surface d'onde caractéristique du milieu décrite du point* O *comme centre.*

Si, parmi les rayons de même espèce émanés d'un point O *situé dans un milieu homopalmique quelconque, il y en a une infinité, formant un faisceau solide* F, *qui sont rectilignes, ou si, parmi les rayons issus d'un même point et de même espèce qui se propagent dans un milieu homopalmique quelconque, il y en a une infinité, tous rectilignes et formant un faisceau solide* F, *qui concourent en un même point* O *du milieu, chacune des ondes qui correspondent à ce système de rayons, dans la partie de son étendue comprise dans le faisceau* F, *coïncide à la fois avec la nappe, de même nature que les rayons, d'une surface d'onde caractéristique du milieu décrite du point* O *comme centre et avec une surface isopalmique.*

Théorème LXIII (45). — *Pour qu'un point lumineux* O, *situé dans un milieu homopalmique quelconque, émette dans toutes les directions des rayons rectilignes de même espèce, il faut et il suffit que chaque surface isopalmique du milieu coïncide avec la nappe, de même nature que les rayons, d'une surface d'onde caractéristique du milieu décrite du point* O *comme centre.*

Si, dans un milieu homopalmique quelconque, un point lumineux O *émet dans toutes les directions des rayons de même espèce, tous rectilignes, chacune des ondes qui correspondent à ce système de rayons coïncide à la fois avec une surface isopalmique et avec la nappe, de même nature que les rayons, d'une surface d'onde caractéristique du milieu décrite du point* O *comme centre.*

Dans ce cas, non-seulement les surfaces isopalmiques ont toutes pour centre le point O, mais encore elles sont toutes semblables et semblablement placées par rapport à ce point.

Théorème LXIV (46). — *Si, dans un milieu homopalmique continu, il existe plus d'un point à partir duquel des rayons d'une nature donnée peuvent se propager en ligne droite dans toutes les directions, ce milieu est homogène.*

Théorème LXV (47). — *Si, dans un milieu homopalmique quelconque, chacune des ondes correspondant à un système de rayons issus d'un même point et de même espèce coïncide avec la nappe, de même nature que les rayons, d'une surface d'onde caractéristique du milieu décrite d'un certain point* O *du milieu comme centre, les rayons du sys-*

tème sont tous rectilignes et émanent tous du point O *ou concourent tous en* O, *et, par suite, le système des ondes se confond avec celui des surfaces isopalmiques du milieu.*

Théorème LXVI (48). — *Si, dans un milieu homopalmique biréfringent, un point peut émettre suivant une infinité de directions, formant un faisceau solide, des rayons de même espèce qui se propagent en ligne droite et sans jamais se diviser par réfraction, ce milieu est homogène.*

F. — *De la propagation de la lumière dans les milieux hétérogènes isotropes.*

Tout milieu hétérogène monoréfringent est nécessairement isotrope, c'est-à-dire que les surfaces d'onde caractéristiques relatives à ses différents points sont toutes des sphères. Les milieux hétérogènes isotropes font partie évidemment de la classe des milieux homopalmiques et jouissent de toutes les propriétés qui appartiennent à ces derniers milieux ; mais ils possèdent, en outre, certaines propriétés spéciales qui sont dues en premier lieu à ce qu'un rayon ne se divise jamais par réfraction en s'y propageant, et ensuite à la forme sphérique de leurs surfaces d'onde caractéristiques. Les milieux hétérogènes isotropes se rencontrent du reste très-fréquemment dans la nature : l'air atmosphérique, une masse d'eau dont les différentes parties sont portées à des températures inégales, constituent des milieux de ce genre.

Le théorème XXII, appliqué aux milieux hétérogènes isotropes, conduit immédiatement à cette proposition, qui est l'analogue du théorème VI :

Théorème LXVII. — *Lorsqu'un système de rayons issus d'un même point et de même espèce se propage dans un milieu hétérogène isotrope, ces rayons, aux points où ils rencontrent une quelconque des ondes qui leur correspondent, sont dirigés normalement à cette onde.*

Il faut remarquer que, dans les milieux hétérogènes isotropes, bien que les rayons se propagent normalement aux ondes, ils suivent, en général, des lignes à double courbure.

Le théorème précédent s'applique évidemment, ainsi que tous ceux qui vont suivre, aux milieux hétérogènes uniaxes, à condition qu'on se borne à considérer les rayons ordinaires.

Les différents théorèmes que nous avons démontrés sur la propagation de la lumière dans les milieux hétérogènes quelconques se simplifient, pour la plupart, encore beaucoup plus lorsqu'on les restreint aux seuls milieux hétérogènes isotropes que lorsqu'on considère les milieux homopalmiques en général. Il suffira de donner les énoncés de ces propositions, qui se déduisent comme cas particuliers de celles que nous avons établies pour les milieux homopalmiques et pour les milieux hétérogènes quelconques. Nous nous contenterons de remarquer que, dans un milieu hétérogène isotrope, toute droite conjuguée commune aux surfaces isopalmiques n'est autre qu'une normale commune à ces surfaces. (Nous ferons suivre le titre de chaque proposition de chiffres entre parenthèses indiquant les théorèmes analogues, relatifs aux milieux homopalmiques et aux milieux hétérogènes quelconques.)

THÉORÈME LXVIII (50). — *Lorsqu'un système de rayons issus d'un même point et de même espèce se propage dans un milieu hétérogène isotrope, les plans tangents, menés aux ondes qui correspondent à ce système de rayons aux points où elles sont rencontrées par un même rayon rectiligne, sont parallèles entre eux et perpendiculaires à ce rayon, et réciproquement, si les plans tangents, menés aux ondes aux points où elles sont rencontrées par un même rayon, sont parallèles entre eux, le rayon est rectiligne et perpendiculaire à ces plans tangents.*

THÉORÈME LXIX (23). — *Lorsqu'un système de rayons issus d'un même point et de même espèce se propage dans un milieu hétérogène isotrope, pour qu'un des rayons de ce système présente, en un certain point O, un point d'inflexion, il faut et il suffit que ce rayon soit en O tangent ou normal à la surface isopalmique qui passe par ce point; si le rayon est normal en O à la surface isopalmique, l'onde qui correspond au système des rayons est tangente en O à cette surface isopalmique.*

THÉORÈME LXX (27). — *Pour qu'une droite située dans un milieu hétérogène isotrope puisse être suivie par un rayon qui se propage dans le milieu sans se réfléchir et sans changer de nature par réfraction, il faut et il suffit que cette droite se trouve tout entière sur une des surfaces isopalmiques du milieu ou qu'elle soit une normale commune à toutes les surfaces isopalmiques qu'elle rencontre.*

Si, parmi les rayons issus d'un même point et de même espèce qui se propagent dans un milieu hétérogène isotrope, il y a un rayon rectiligne qui suit une normale commune aux surfaces isopalmiques, chacune des ondes qui correspondent à ce système de rayons est tangente au point où elle est rencontrée par ce rayon rectiligne à une surface isopalmique.

THÉORÈME LXXI (29). — *Pour que, dans un milieu hétérogène isotrope, une infinité de droites, formant une surface continue Σ, puissent être suivies chacune par un rayon qui se propage dans le milieu sans se réfléchir et sans changer de nature par réfraction, il faut et il suffit que chacune de ces droites se trouve tout entière sur une*

11

surface isopalmique ou soit une normale commune aux surfaces isopalmiques qu'elle rencontre.

Si, parmi les rayons issus d'un même point et de même espèce qui se propagent dans un milieu hétérogène isotrope, il y en a une infinité, formant une surface continue Σ, qui suivent des normales communes aux surfaces isopalmiques, chacune des ondes qui correspondent à ce système de rayons est tangente à une surface isopalmique le long de la courbe suivant laquelle elle est coupée par la surface Σ.

THÉORÈME LXXII (30). — *Pour que, dans un milieu hétérogène isotrope, une infinité de droites, formant un faisceau solide, puissent être suivies chacune par un rayon qui se propage sans se réfléchir et sans changer de nature par réfraction, il faut et il suffit que chacune de ces droites se trouve tout entière sur une surface isopalmique ou soit une normale commune aux surfaces isopalmiques qu'elle rencontre.*

Si, parmi les rayons issus d'un même point et de même espèce qui se propagent dans un milieu hétérogène isotrope, il y en a une infinité, formant un faisceau solide F, qui suivent des normales communes aux surfaces isopalmiques, chacune des ondes qui correspondent à ce système de rayons se confond, dans la partie de son étendue comprise dans le faisceau F, avec une surface isopalmique.

Si tous les rayons issus d'un même point et de même espèce qui se propagent dans un milieu hétérogène isotrope suivent des normales communes aux surfaces isopalmiques, le système des ondes se confond avec celui des surfaces isopalmiques.

Les théorèmes XXXIII et XXXIV sont applicables sans modification aux milieux hétérogènes isotropes.

THÉORÈME LXXIII (51,35). — *Pour que, dans un milieu hétérogène isotrope, une infinité de droites parallèles, formant une surface cylindrique Σ, puissent être suivies chacune par un rayon qui se propage dans le milieu sans se réfléchir et sans changer de nature par réfraction, il faut et il suffit que chacune de ces droites se trouve tout entière sur une surface isopalmique ou que chaque surface isopalmique, le long de la courbe suivant laquelle elle est coupée par la surface cylindrique Σ, soit tangente à un même plan perpendiculaire à la direction commune des droites parallèles.*

Si, parmi les rayons issus d'un même point et de même espèce qui se propagent dans un milieu hétérogène isotrope, il y a une infinité de rayons rectilignes et parallèles, formant une surface cylindrique Σ, qui suivent des normales communes aux surfaces isopalmiques, chacune des ondes qui correspondent à ce système de rayons, le long de la courbe suivant laquelle elle est coupée par la surface cylindrique Σ, est tangente à la fois à une même surface isopalmique et à un même plan perpendiculaire à la direction des rayons parallèles.

THÉORÈME LXXIV (53). — *Pour que, dans un milieu hétérogène isotrope, une infinité de droites parallèles, formant un faisceau solide* F, *puissent être suivies chacune par un rayon qui se propage dans le milieu sans se réfléchir et sans changer de nature par réfraction, il faut et il suffit que les surfaces isopalmiques du milieu, dans la partie de leur étendue comprise dans le faisceau* F, *forment un système de surfaces cylindriques dont les génératrices soient toutes parallèles aux droites du faisceau* F *ou un système de plans parallèles entre eux et parallèles ou perpendiculaires à la direction commune de ces droites.*

THÉORÈME LXXV (54). — *Si, parmi les rayons issus d'un même point et de même espèce qui se propagent dans un milieu hétérogène isotrope, il y en a une infinité, formant un faisceau solide* F, *dont les directions sont parallèles aux points où ils rencontrent une même onde, cette onde est plane dans la partie de son étendue comprise dans le faisceau* F *et perpendiculaire aux rayons du faisceau* F.

Si tous les rayons issus d'un même point et de même espèce qui se propagent dans un milieu hétérogène isotrope ont des directions parallèles aux points où ils rencontrent une même onde, cette onde est plane et perpendiculaire aux rayons, mais ne se confond pas nécessairement avec une surface isopalmique.

THÉORÈME LXXVI (55). — *Si, dans un milieu hétérogène isotrope, une des ondes correspondant à un système de rayons issus d'un même point et de même espèce est plane, les rayons aux points où ils rencontrent cette onde sont tous parallèles entre eux et perpendiculaires à l'onde, sans qu'il soit nécessaire que cette onde coïncide avec une surface isopalmique.*

THÉORÈME LXXVII (56). — *Si, parmi les rayons issus d'un même point et de même espèce qui se propagent dans un milieu hétérogène isotrope, il y en a une infinité, formant un faisceau solide* F, *qui sont rectilignes et parallèles entre eux, les ondes correspondant à ce système de rayons, dans la partie de leur étendue comprise dans le faisceau* F, *sont planes, parallèles entre elles et perpendiculaires aux rayons du faisceau* F, *mais ces ondes ne se confondent avec les surfaces isopalmiques que si tous les rayons du faisceau* F *suivent des normales communes aux surfaces isopalmiques.*

Si tous les rayons issus d'un même point et de même espèce qui se propagent dans un milieu hétérogène isotrope sont rectilignes et parallèles entre eux, les ondes qui correspondent à ces rayons sont toutes planes, parallèles entre elles et perpendiculaires aux rayons, mais ne se confondent avec les surfaces isopalmiques que si tous les rayons suivent des normales communes aux surfaces isopalmiques.

THÉORÈME LXXVIII (57). — *Si, dans un milieu hétérogène isotrope, toutes les ondes correspondant à un système de rayons issus d'un même point et de même espèce sont planes et parallèles entre elles, tous les rayons sont rectilignes, parallèles entre eux et perpendiculaires aux ondes, sans qu'il soit nécessaire que le système des ondes se confonde avec celui des surfaces isopalmiques.*

Il résulte de ce qui précède que, si, dans un milieu hétérogène isotrope, les surfaces isopalmiques forment un système de surfaces cylindriques parallèles, ne se réduisant pas à des surfaces planes, il ne peut se propager dans ce milieu qu'un seul système de rayons rectilignes et parallèles entre eux, qui se confond avec le système des génératrices de ces surfaces cylindriques, et un seul système d'ondes planes et parallèles entre elles, dont la direction commune est perpendiculaire à la direction de ces génératrices. Mais, si les surfaces isopalmiques d'un milieu hétérogène isotrope sont planes et parallèles entre elles, il peut s'y propager une infinité de systèmes de rayons rectilignes et parallèles entre eux, dont la direction est parallèle ou perpendiculaire à celle des surfaces isopalmiques planes, et aussi une infinité de systèmes d'ondes planes et parallèles entre elles, dont la direction est perpendiculaire ou parallèle à celle des surfaces isopalmiques.

THÉORÈME LXXIX (42, 60). — *Pour qu'un point lumineux* O, *situé dans un milieu hétérogène isotrope, émette une infinité de rayons de même espèce, tous rectilignes et formant une surface conique* Σ, *ou pour qu'une infinité de rayons issus d'un même point et de même espèce, tous rectilignes et formant une surface conique* Σ, *puissent concourir en un même foyer* O *situé dans un milieu hétérogène isotrope, il faut et il suffit que la surface conique* Σ *soit une surface isopalmique ou que chaque surface isopalmique soit tangente, le long de la courbe suivant laquelle elle est coupée par la surface conique* Σ, *à une surface sphérique décrite du point* O *comme centre.*

Si c'est la seconde condition qui est remplie, c'est-à-dire si, parmi les rayons de même espèce émanés d'un point O *situé dans un milieu hétérogène isotrope, ou parmi les rayons issus d'un même point et de même espèce qui se propagent dans un tel milieu, il y en a une infinité, formant une surface conique dont le sommet se trouve en* O, *qui suivent des normales communes aux surfaces isopalmiques, chacune des ondes qui correspondent à ce système de rayons, le long de la courbe suivant laquelle elle est coupée par la surface conique* Σ, *est tangente à la fois à une surface isopalmique et à une surface sphérique décrite du point* O *comme centre.*

THÉORÈME LXXX (44, 62). — *Pour qu'un point lumineux* O, *situé dans un milieu hétérogène isotrope, émette une infinité de rayons de même espèce, tous rectilignes et formant un faisceau solide* F, *ou pour qu'une infinité de rayons issus d'un même point et de même espèce, tous rectilignes et formant un faisceau solide* F, *puissent concourir en un même foyer* O *situé dans un milieu hétérogène isotrope, il faut et il suffit que chaque surface isopalmique, dans la partie de son étendue comprise dans le faisceau* F, *coïncide avec une surface sphérique décrite du point* O *comme centre.*

Si, parmi les rayons de même espèce émanés d'un point O *situé dans un milieu hétérogène isotrope, il y en a une infinité, formant un faisceau solide* F *qui sont rectilignes, ou si, parmi les rayons issus d'un même point et de même espèce qui se propagent dans un milieu hétérogène isotrope, il y en a une infinité, tous rectilignes et formant un faisceau solide* F, *qui concourent en un point* O *situé dans le milieu, chacune des ondes qui correspondent à ce système de rayons, dans la partie de son étendue comprise dans le faisceau* F, *coïncide à la fois avec une surface isopalmique et avec une surface sphérique décrite du point* O *comme centre.*

Théorème LXXXI (45,63). — *Pour qu'un point lumineux* O, *situé dans un milieu hétérogène isotrope, émette dans toutes les directions des rayons rectilignes, il faut et il suffit que chaque surface isopalmique du milieu soit une surface sphérique ayant pour centre le point* O.

Si, dans un milieu hétérogène isotrope, un point lumineux O *émet dans toutes les directions des rayons rectilignes, chacune des ondes qui correspondent à ce système de rayons coïncide à la fois avec une surface isopalmique et avec une surface sphérique décrite du point* O *comme centre.*

Théorème LXXXII (46,64). — *Si, dans un milieu isotrope continu, il existe plus d'un point à partir duquel des rayons peuvent se propager en ligne droite dans toutes les directions, ce milieu est homogène.*

Théorème LXXXIII (47,65). — *Si, dans un milieu hétérogène isotrope, toutes les ondes correspondant à un système de rayons issus d'un même point et de même espèce coïncident avec des surfaces sphériques décrites d'un certain point* O *du milieu comme centre, les rayons du système sont tous rectilignes et émanent tous du point* O *ou vont tous concourir au point* O, *et, par suite, le système des ondes se confond avec celui des surfaces isopalmiques du milieu.*

G. — *Extension aux milieux hétérogènes quelconques de différents théorèmes démontrés pour les milieux homogènes quelconques.*

Les théorèmes XII, XIII et XIV nous apprennent que, dans un milieu homogène quelconque, si des rayons formant une série continue, issus d'un même point et de même espèce, concourent en un même foyer O, ces rayons mettent tous des temps égaux pour aller du point lumineux au foyer. Ces propositions peuvent facilement s'étendre au cas où le point de concours des rayons est situé dans un milieu hétérogène quelconque.

La démonstration de ces théorèmes est, en effet, indépendante des dimensions du milieu homogène où est situé le point de concours des rayons ; or, dans une étendue infiniment petite tout autour de ce point, le milieu, quelle que soit sa nature, peut toujours être considéré comme homogène. Nous pouvons donc énoncer les propositions suivantes :

THÉORÈME LXXXIV (12). — *Pour que, parmi les rayons issus d'un même point et de même espèce qui se propagent dans un milieu hétérogène quelconque, il y en ait deux, formant entre eux un angle infiniment petit, qui aillent converger en un même point O du milieu, il faut et il suffit que l'onde qui correspond à ces rayons, considérée dans une position infiniment voisine du point O, soit, aux points où elle est rencontrée par les tangentes menées en O aux deux rayons infiniment voisins qui concourent en ce point, tangente à la nappe, de même nature que les rayons, d'une surface d'onde caractéristique, relative au point O, décrite de ce point comme centre et correspondant à un temps infiniment petit ; d'où il résulte que les rayons infiniment voisins qui aboutissent en O mettent des temps rigoureusement égaux pour aller du point lumineux à ce point de concours, et y arrivent sans différence de phase.*

THÉORÈME LXXXV (13). — *Pour que, parmi les rayons issus d'un même point et de même espèce qui se propagent dans un milieu hétérogène quelconque, il y en ait une infinité, formant une surface continue, qui aillent converger en un même point O du milieu, il faut et il suffit que l'onde qui correspond à ce système de rayons, considérée dans une position infiniment voisine du point O, le long de la courbe suivant laquelle elle est coupée par la surface conique que forment les tangentes menées en O aux rayons qui concourent en ce point, soit tangente à la nappe, de même nature que les rayons, d'une surface d'onde caractéristique, relative au point O, décrite du point O comme centre et correspondant à un temps infiniment petit ; d'où il résulte que tous les rayons qui aboutissent en O mettent des temps égaux pour aller du point lumineux à ce point de concours, et y arrivent sans différence de phase.*

THÉORÈME LXXXVI (14). — *Pour que tous les rayons issus d'un même point et de même espèce qui se propagent dans un milieu hétérogène quelconque aillent converger en un même point O situé dans ce milieu, il faut et il suffit que l'onde qui correspond à ce système de rayons, considérée dans une position infiniment voisine du point O, coïncide avec la nappe, de même nature que les rayons, d'une surface d'onde caractéristique, relative au point O, décrite de ce point comme centre et correspondant à un temps infi-*

niment petit ; d'où il résulte que tous ces rayons mettent des temps égaux pour aller du point lumineux au foyer O, et y arrivent sans différence de phase.

En résumé, lorsqu'une infinité de rayons de même espèce, formant une série continue, c'est-à-dire constituant une surface continue ou un faisceau solide, et émanés d'un point situé dans un milieu quelconque, homogène ou hétérogène, vont concourir en un même point situé également dans un milieu quelconque, après avoir traversé un nombre quelconque de milieux homogènes ou hétérogènes, et subi un nombre quelconque de réflexions sur les surfaces qui limitent ces milieux ou sur les surfaces isopalmiques des milieux hétérogènes, ces rayons mettent tous des temps égaux pour aller du point lumineux à leur point de concours, et y arrivent sans différence de phase.

Le théorème fondamental XXI peut aussi s'étendre aux milieux hétérogènes. La démonstration de ce théorème est, en effet, tout à fait indépendante de l'épaisseur des milieux homogènes que traverse la lumière, et un milieu hétérogène peut toujours être considéré comme formé par la juxtaposition d'une infinité de couches homogènes infiniment minces, dont les surfaces de séparation seraient les surfaces isopalmiques. Avant d'énoncer le théorème général, nous devons compléter la définition des chemins de même espèce. Nous dirons que deux chemins partant d'un même point situé dans un milieu quelconque, homogène ou hétérogène, et aboutissant à un même point situé soit dans ce même milieu, soit dans un autre milieu quelconque, sont de même espèce, lorsque ces deux chemins touchent le même nombre de fois et dans le même ordre les mêmes surfaces limites des milieux et les mêmes surfaces isopalmiques dans les milieux hétérogènes; de plus, quand il s'agira de comparer les temps que mettrait la lumière pour aller d'un point à un autre en suivant deux chemins de même espèce, nous regarderons toujours les rayons qui suivraient ces chemins comme étant de même nature dans les parties correspondantes de leurs trajectoires, situées soit entre deux des surfaces qui limitent les milieux, soit entre deux surfaces isopalmiques, soit entre une surface isopalmique et une surface limite, soit enfin entre une surface limite ou isopalmique et le point de départ ou d'arrivée. Cette définition, qui n'est que l'extension de celle que nous avons donnée pour les milieux homogènes, une fois posée, nous pouvons énoncer le théorème général qui suit :

Théorème LXXXVII. — *Le temps employé par la lumière pour se propager d'un point situé dans un milieu quelconque, homogène ou hétérogène, à un autre point situé dans un milieu quelconque, en traversant un nombre quelconque de milieux homogènes ou hétérogènes, et en subissant un nombre quelconque de réflexions soit sur les surfaces qui*

*limitent ces milieux, soit sur les surfaces isopalmiques des milieux hétérogènes, est tou-
jours un minimum relativement aux temps que mettrait la lumière pour aller d'un de
ces points à l'autre en suivant des chemins de même espèce que celui qu'elle parcourt
réellement.*

Lorsque la lumière peut aller d'un point à l'autre en suivant plusieurs chemins différents mais de même espèce, le temps employé à parcourir chacun
de ces chemins est un *minimum ;* mais *ces temps minima ne sont pas nécessairement
égaux entre eux,* à moins que les chemins de même espèce, réellement suivis
par la lumière pour se propager d'un point à l'autre, ne constituent une surface continue ou un faisceau solide, et ne soient par suite en nombre infini.

Le théorème précédent peut être considéré comme résumant l'Optique géométrique, en ce sens que, si on l'admet comme conséquence du principe de la
moindre action, il peut servir à retrouver toutes les propositions que nous avons
démontrées jusqu'ici.

DEUXIÈME PARTIE.

DES SURFACES APLANÉTIQUES.

DÉFINITIONS.

Soit un *milieu homogène quelconque*, limité par une surface continue S; supposons que, dans ce milieu, un système de rayons, *tous de même nature*, et dont les directions passent par un même point O, vienne à rencontrer la surface S. Si les rayons qui tombent sur la surface S sont divergents, le point O, par où passent toutes leurs directions, peut être soit un point lumineux situé dans le milieu où se meuvent les rayons, point dont ces rayons sont réellement issus, soit un foyer total situé dans ce même milieu ; il peut arriver encore, si le milieu est limité par des surfaces autres que S, et si les rayons ont traversé d'autres milieux avant d'y pénétrer, que ce ne soient pas les rayons eux-mêmes qui passent par le point O, mais les prolongements de ces rayons menés en sens contraire de leur propagation ; ces trois cas étant identiques au point de vue géométrique, toutes les fois que les rayons qui tombent sur la surface S sont divergents, et que leurs directions vont concourir en un même point O, nous dirons que ces rayons émanent du *point lumineux réel* O. Si, au contraire, les rayons qui tombent sur la surface S sont convergents, le point de concours de leurs directions est situé au-delà de cette surface S, et nous dirons, par extension, que les rayons émanent du *point lumineux virtuel* O. Ceci posé, la surface S est dite *aplanétique par réflexion*, si tous les rayons réfléchis *d'une certaine espèce*, provenant d'un système de rayons incidents émanés d'un point lumineux réel ou virtuel, sont dirigés de façon à aller converger, par eux-mêmes ou par leurs prolongements, en un même foyer O'. Si les rayons réfléchis sont convergents, ce sont les rayons réfléchis eux-mêmes qui se croisent au foyer O', ou bien les prolongements de ces rayons dans le sens de leur propagation, et alors nous dirons que O' est un *foyer réel ;* si, au contraire, les rayons réfléchis sont divergents, ce sont les prolongements de ces rayons en sens contraire de leur propagation qui se croisent en O', et ce point prendra le nom de *foyer virtuel*. En résumé, une surface aplanétique par réflexion est une surface réfléchissante qui fait converger en un même foyer, réel ou virtuel, tous les rayons réfléchis d'une certaine espèce, provenant d'un système de rayons incidents émanés d'un même point lumineux, réel ou virtuel.

De même, la surface de séparation des deux milieux homogènes est dite *aplanétique par réfraction*, lorsqu'elle fait converger en un même foyer, réel ou virtuel, tous les rayons réfractés d'une certaine espèce, provenant d'un système de rayons incidents émanés d'un même point lumineux, réel ou virtuel.

Le point lumineux et le foyer peuvent, du reste, l'un ou l'autre, ou tous deux, être à l'infini, et une surface réfléchissante ou réfringente est encore aplanétique, lorsqu'elle fait converger en un même foyer, réel ou virtuel, les rayons réfléchis ou réfractés d'une certaine espèce, provenant de rayons incidents parallèles entre eux, ou lorsqu'elle rend parallèles tous les rayons réfléchis ou réfractés d'une certaine espèce, provenant de rayons incidents émanés d'un même point lumineux, réel ou virtuel, ou enfin lorsque, les rayons incidents étant parallèles entre eux, tous les rayons réfléchis ou réfractés d'une certaine espèce le sont également.

Dans tout ce qui va suivre nous désignerons par O le point lumineux, réel ou virtuel, par (a, b, c) ses coordonnées, par O′ le foyer, réel ou virtuel, par (a', b', c') ses coordonnées. Le milieu dans lequel se meuvent les rayons incidents et les rayons réfléchis sera nommé *premier milieu ;* celui où se propagent les rayons réfractés *second milieu,* et nous supposerons toujours que ces milieux soient homogènes.

L'équation de la surface d'onde caractéristique du premier milieu, correspondant à l'unité de temps et décrite de l'origine comme centre, sera représentée par :

$$f_{1}(x, y, z) = 0, \quad \text{ou par} \quad \varphi_{1}(x, y, z) = 1.$$

S'il y a lieu de distinguer les deux nappes de cette surface, le milieu étant biréfringent, l'équation de la nappe ordinaire s'écrira :

$$f_{1,o}(x, y, z) = 0, \quad \text{ou} \quad \varphi_{1,o}(x, y, z) = 1,$$

celle de la nappe extraordinaire :

$$f_{1,e}(x, y, z) = 0 \quad \text{ou} \quad \varphi_{1,e}(x, y, z) = 1.$$

Nous emploierons les mêmes notations pour le second milieu en remplaçant l'indice 1 par l'indice 2 ; lorsqu'il s'agira uniquement de la réflexion, nous n'aurons qu'un seul milieu à considérer et nous pourrons supprimer l'indice numérique.

Remarquons enfin, une fois pour toutes, que, si une surface est aplanétique par réflexion ou par réfraction, le rayon incident dirigé suivant la droite OO′, qui joint le point lumineux au foyer, doit nécessairement se réfléchir en revenant sur lui-même, ou passer d'un milieu dans l'autre sans déviation, ce qui détermine la direction du plan tangent à la surface réfléchissante ou réfringente au point où elle est rencontrée par la droite OO′.

Ces préliminaires établis, nous allons nous proposer de chercher les surfaces aplanétiques par réflexion ou par réfraction, étant données les positions du point lumineux et du foyer : pour que le problème soit déterminé, on devra, de plus, indiquer si chacun de ces points doit être réel ou virtuel, et faire connaître, s'il y a lieu, la nature des rayons incidents et celle des rayons réfléchis ou réfractés.

SECTION I. — DES SURFACES APLANÉTIQUES PAR RÉFLEXION.

Nous supposerons d'abord que ni le point lumineux, ni le foyer ne soient à l'infini ; chacun de ces deux points pouvant être réel ou virtuel, il peut se présenter quatre cas, que nous allons examiner successivement.

A. — *Le point lumineux est réel et le foyer virtuel.*

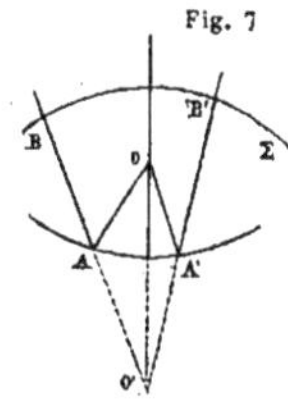

Soit S (fig. 7) une surface aplanétique par réflexion pour les positions O et O′ du point lumineux et du foyer, le premier de ces points étant réel et le second virtuel, c'est-à-dire une surface telle que les rayons réfléchis d'une certaine espèce, provenant d'un système de rayons incidents émanés du point lumineux réel O, soient dirigés comme s'ils provenaient du point O′.

Soit Σ la position qu'occupe l'onde réfléchie au bout du temps T, compté à partir du moment où la lumière part du point O ; les directions des rayons réfléchis concourant toutes en O′, l'onde Σ coïncide avec la nappe, de même nature que les rayons réfléchis, d'une surface d'onde caractéristique du milieu, décrite du point O′ comme centre et correspondant à un certain temps que nous appellerons T′ (théorème XIV). Soient OA et OA′ deux rayons incidents quelconques ; les rayons réfléchis correspondants seront dirigés suivant les prolongements des droites O′A, O′A′. Désignons par t et t' les temps que mettent les rayons incidents pour aller de O en A et en A′, par θ et θ' les temps que mettent les rayons réfléchis pour aller de A en B et de A′ en B′, B et B′ étant les points où ces rayons rencontrent l'onde Σ, enfin par $t_{\text{,}}$ et $t'_{\text{,}}$ les temps qu'emploieraient des rayons de même nature que les rayons réfléchis pour aller de O′ en A et en A′, le milieu dans lequel se meuvent les rayons étant supposé prolongé de façon à comprendre le point O′; on aura :

$$t + \theta = T, \quad t' + \theta' = T, \quad t_{,} + \theta = T', \quad t'_{,} + \theta' = T',$$

d'où :

$$t - t_{,} = T - T' \quad \text{et} \quad t' - t'_{,} = T - T',$$

et enfin :

$$t - t_{,} = t' - t'_{,}.$$

Cette égalité sera vérifiée, quels que soient les points A et A′ pris sur la surface S.

Réciproquement, soient S une surface réfléchissante quelconque, O un point lumineux réel, O′ un point situé de l'autre côté de la surface S, A et A′ deux points quelconques pris sur cette surface, t et t' les temps que mettent deux rayons incidents, d'une certaine nature que nous désignerons par N, pour aller du point O aux points A et A′, $t_{,}$ et $t'_{,}$ les temps que mettraient deux rayons de nature N′ pour aller de O′ en A et en A′, les natures N et N′ pouvant être identiques ou différentes : si, quels que soient les points A et A′, on a constamment :

$$t - t_{,} = t' - t'_{,},$$

la surface S est aplanétique par réflexion pour les positions O et O′ du point lumineux et du foyer, les rayons incidents étant de nature N et les rayons réfléchis de nature N′.

Pour le démontrer, du point O′ comme centre, décrivons la nappe Σ de nature N′ d'une surface d'onde caractéristique du milieu, correspondant à un certain temps T′; soient B et B′ les points où les droites O′A et O′A′ prolongées rencontrent cette nappe Σ, θ et θ' les temps que mettent deux rayons de nature N′ pour aller de A en B et de A′ en B′. On a, par construction :

$$t_{,} + \theta = t'_{,} + \theta';$$

comme d'ailleurs on a par hypothèse :

$$t - t_{,} = t' - t'_{,},$$

il vient :

$$t + \theta = t' + \theta'.$$

Cette égalité ayant lieu, quels que soient les points A et A′, il faut en conclure que, pour aller du point O aux différents points de la surface Σ en suivant les chemins OAB, OA′B′....., les rayons OA, OA′..... étant de nature N, et les rayons AB, A′B′..... de nature N′, la lumière emploie le même temps; désignons ce temps par T; remarquons en outre que les plans tangents menés à la surface Σ aux points B, B′..... ont des directions conjuguées, ordinairement ou extraordinairement suivant que la nature N′ est ordinaire ou extraordinaire, à celles des droites AB, A′B′.... Il en résulte évidemment que la surface Σ est l'enveloppe des nappes de nature N′ des surfaces d'onde caractéristiques, décrites des points A, A′... comme centres et correspondant respectivement aux temps $T - t$, $T - t'$....

et que, de plus, celle de ces nappes qui est décrite du point A comme centre touche l'enveloppe commune au point B, celle décrite du point A′ comme centre au point B′, et ainsi de suite. En nous reportant à la construction générale de l'onde réfléchie, nous voyons immédiatement que la surface Σ n'est autre que la position de l'onde réfléchie au bout du temps T, et que les droites AB, A′B′.... sont les rayons réfléchis de nature N′ correspondant aux rayons incidents de nature N émanés du point O ; c'est précisément ce qu'il fallait démontrer.

Nous arrivons ainsi à la proposition suivante :

Pour qu'une surface soit aplanétique par réflexion pour des positions données du point lumineux et du foyer, le point lumineux étant réel et le foyer virtuel, les rayons incidents étant de nature N et les rayons réfléchis de nature N′, il faut et il suffit que la différence des temps employés par la lumière pour aller du point lumineux et du foyer à un même point de cette surface soit constante sur toute la surface, le premier de ces temps étant évalué en supposant qu'un rayon de nature N se propage du point lumineux au point considéré sur la surface, le second en supposant qu'un rayon de nature N′ se propage du foyer au même point dans le milieu prolongé de façon à comprendre le foyer.

On voit par là qu'étant données la position du point lumineux réel et celle du foyer virtuel, et, de plus, la nature des rayons incidents et celle des rayons réfléchis, il existe une infinité de surfaces aplanétiques, qui se distinguent les unes des autres par la valeur qu'affecte sur chacune de ces surfaces la différence constante des temps que met la lumière pour aller du point lumineux et du foyer à un même point de la surface. Il faut remarquer encore que chacune de ces surfaces est nécessairement *illimitée dans tous les sens*.

Il est facile, en s'appuyant sur le théorème précédent, de trouver l'équation générale des surfaces aplanétiques par réflexion pour la position réelle O du point lumineux et la position virtuelle O′ du foyer, les rayons incidents étant de nature N et les rayons réfléchis de nature N′. En effet, du point O comme centre, décrivons la nappe de nature N d'une surface d'onde caractéristique du milieu correspondant à un certain temps T ; l'équation de cette nappe sera :

$$f\left(\frac{x-a}{T},\ \frac{y-b}{T},\ \frac{z-c}{T}\right) = 0 \quad \text{ou} \quad \varphi(x-a,\ y-b,\ z-c) = T,$$

f et φ devant recevoir l'indice o ou e, suivant que la nature N est ordinaire ou extraordinaire. Cette nappe coupe une quelconque des surfaces aplanétiques remplissant les conditions énoncées plus haut, suivant une certaine courbe : des rayons de nature N mettent, pour aller du point O aux différents points de cette courbe, un temps égal à T ; donc des rayons de nature N′ mettraient, pour aller du point O′ aux mêmes points, un temps égal à T + C, C étant une quantité

constante pour une même surface aplanétique, quel que soit T, et la courbe
se trouve sur la nappe de nature N' d'une surface d'onde caractéristique du
milieu, décrite du point O' comme centre et correspondant au temps T + C,
nappe dont l'équation est :

$$f\left(\frac{x-a'}{T+C},\ \frac{y-b'}{T+C},\ \frac{z-c'}{T+C}\right)=0 \quad \text{ou} \quad \varphi\,(x-a',\,y-b',\,z-c')=T+C,$$

f et φ devant recevoir l'indice o ou e suivant que la nature N' est ordinaire ou
extraordinaire. Chacune des surfaces aplanétiques cherchées peut donc être
considérée comme le lieu des intersections des nappes de nature N des surfaces
d'onde caractéristiques du milieu, décrites du point O comme centre et correspondant au temps T, avec les nappes de nature N' des surfaces d'onde caractéristiques du milieu, décrites du point O' comme centre et correspondant au temps
T + C, T étant une quantité variable et C une quantité constante pour une même
surface. Il suit de là qu'on obtiendra l'équation des surfaces aplanétiques cherchées en éliminant T entre les équations :

$$f\left(\frac{x-a}{T},\ \frac{y-b}{T},\ \frac{z-c}{T}\right)=0 \quad \text{et} \quad f\left(\frac{x-a'}{T+C},\ \frac{y-b'}{T+C},\ \frac{z-c'}{T+C}\right)=0,$$

f devant recevoir l'indice o ou e, dans la première équation suivant que la nature
N est ordinaire ou extraordinaire, dans la seconde suivant que la nature N' est
ordinaire ou extraordinaire.

L'équation résultante contiendra la constante C, et, en donnant à cette constante toutes les valeurs possibles, on obtiendra toutes les surfaces aplanétiques
remplissant les conditions que nous nous sommes posées.

On peut encore, pour arriver à l'équation de ces surfaces aplanétiques, éliminer T entre les deux équations :

$$\varphi\,(x-a,\,y-b,\,z-c)=T, \quad \text{et} \quad \varphi\,(x-a',\,y-b',\,z-c')=T+C,$$

ce qui donne :

$$\varphi\,(x-a',\,y-b',\,z-c')-\varphi\,(x-a,\,y-b,\,z-c)=C. \tag{1}$$

Dans cette équation, le signe φ devra recevoir l'indice o ou e, dans le premier
terme suivant que les rayons réfléchis sont ordinaires ou extraordinaires,
dans le second terme suivant que les rayons incidents sont ordinaires ou extraordinaires.

La constante C représente la différence des temps employés par la lumière
pour aller du point lumineux et du foyer à un même point de la surface aplanétique.

Il faut remarquer d'ailleurs que, les temps T et T + C étant essentiellement
positifs, lorsque les fonctions

$$\varphi\,(x-a',\,y-b',\,z-c') \quad \text{et} \quad \varphi\,(x-a,\,y-b,\,z-c)$$

se présentent sous forme de radicaux, ces radicaux doivent toujours être pris·dans l'équation (1) avec le signe +. Cette remarque importante s'applique à toutes les équations analogues auxquelles nous arriverons par la suite, et nous nous contenterons de la faire une fois pour toutes.

Si le milieu où se propagent les rayons est biréfringent, aux rayons incidents émanés du point lumineux O correspondent quatre espèces de rayons réfléchis que nous avons désignées par les notations (o, o), (e, e), (o, e) et (e, o); par suite, pour des positions données du point lumineux réel et du foyer virtuel, il existe quatre groupes de surfaces aplanétiques par réflexion. Les équations générales de ces quatre groupes de surfaces aplanétiques sont :

pour les rayons réfléchis (o, o)

$$\varphi_o\,(x - a',\ y - b',\ z - c') - \varphi_o\,(x - a,\ y - b,\ z - c) = C. \qquad (2)$$

pour les rayons réfléchis (e, e)

$$\varphi_e\,(x - a',\ y - b',\ z - c') - \varphi_e\,(x - a,\ y - b,\ z - c) = C, \qquad (3)$$

pour les rayons réfléchis (o, e)

$$\varphi_e\,(x - a',\ y - b',\ z - c') - \varphi_o\,(x - a,\ y - b,\ z - c) = C, \qquad (4)$$

pour les rayons réfléchis (e, o)

$$\varphi_o\,(x - a',\ y - b',\ z - c') - \varphi_e\,(x - a,\ y - b,\ z - c) = C. \qquad (5)$$

Les surfaces des deux premiers groupes sont aplanétiques par réflexion homologue, celles des deux derniers par réflexion antilogue.

Si le milieu est monoréfringent, il n'existe qu'un seul groupe de surfaces aplanétiques représenté par l'équation (1).

La constante C ne peut varier qu'entre certaines limites, car les points O et O' devant se trouver de part et d'autre de la surface aplanétique, celle-ci doit ren-

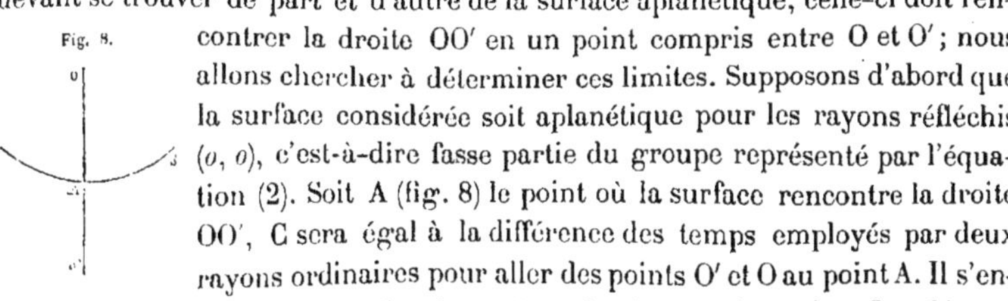

contrer la droite OO' en un point compris entre O et O'; nous allons chercher à déterminer ces limites. Supposons d'abord que la surface considérée soit aplanétique pour les rayons réfléchis (o, o), c'est-à-dire fasse partie du groupe représenté par l'équation (2). Soit A (fig. 8) le point où la surface rencontre la droite OO', C sera égal à la différence des temps employés par deux rayons ordinaires pour aller des points O' et O au point A. Il s'ensuit que C sera nul quand le point A sera à égale distance des points O et O', que cette quantité atteindra sa plus grande valeur positive lorsque le point M coïncidera avec le point O, et que cette valeur sera égale au temps t que met un rayon ordinaire pour aller de O en O', que C aura sa plus petite valeur négative quand le point A coïncidera avec le point O′, et que cette valeur sera égale à — t. En définitive, dans l'équation (2), C peut varier de — t à + t.

On verra de même que, dans l'équation (3), C peut varier de — t' à + t', t' étant le temps que met un rayon extraordinaire pour aller de O en O′.

Dans l'équation (4), la plus grande valeur positive de C correspond au cas où la surface aplanétique passe par le point O; le rayon réfléchi étant extraordinaire, cette valeur est égale à + t'; parmi les valeurs négatives de C, la plus grande en valeur absolue correspond au cas où la surface aplanétique passe par le point O′; le rayon incident étant ordinaire, cette valeur est — t. Dans l'équation (4), C peut donc varier de — t à + t'.

On verra de même que, dans l'équation (5), C peut varier de — t' à + t.

Si le milieu est monoréfringent, les surfaces aplanétiques sont représentées par l'équation (1), et C dans cette équation peut varier de — t à + t, t étant le temps que met la lumière dans ce milieu pour aller du point O au point O′.

La forme des équations trouvées pour les surfaces aplanétiques dans le cas actuel montre immédiatement que, si on considère le point O′ comme un point lumineux réel et le point O comme un foyer virtuel, on retombe sur les mêmes surfaces aplanétiques par réflexion, ce qui était facile à prévoir d'après la réciprocité qui existe entre les rayons incidents et les rayons réfléchis. Donc, par rapport à l'une quelconque des surfaces aplanétiques représentées par les équations (2), (3), (4), (5), les deux points O et O′ sont tels que si l'un d'eux est un point lumineux réel, l'autre est un foyer virtuel, ce qu'on exprime en disant que les points O et O′ sont deux foyers conjugués par rapport à l'une quelconque de ces surfaces; mais suivant que l'un ou l'autre de ces points sera le point lumineux, la réflexion aura lieu sur l'une ou l'autre face de cette surface. Il faut remarquer encore que, si l'une de ces surfaces est aplanétique par réflexion antilogue, et que, le point O étant le point lumineux et le point O′ le foyer, cette surface est aplanétique pour les rayons réfléchis (o, e), lorsque le point O′ devient le point lumineux et le point O le foyer, cette surface devient aplanétique pour les rayons réfléchis (e, o), et réciproquement.

Considérons maintenant en particulier les surfaces aplanétiques par réflexion homologue, le point lumineux étant toujours réel et le foyer virtuel, c'est-à-dire supposons que le milieu soit monoréfringent ou que, le milieu étant biréfringent, les rayons incidents et les rayons réfléchis soient de même nature.

Il est facile de voir que, dans ce cas, les deux surfaces aplanétiques d'un même groupe qui correspondent à des valeurs égales et de signes contraires de C forment les deux nappes d'une surface unique ayant pour centre le point M, milieu de la droite OO′. En effet, soient + τ et — τ ces deux valeurs égales et de signes contraires de la constante C, et soit A un point pris sur la surface aplanétique qui correspond à la valeur $+\tau$ (fig. 9); si nous représentons par t le temps que met pour aller de O en A un rayon, ordinaire ou extraordinaire suivant que les surfaces considérées sont aplanétiques pour les rayons réfléchis (o, o) ou (e, e), un rayon de même nature pour aller du foyer O' au même point A mettra un temps égal à $t + \tau$. Joignons AM, et prolongeons cette droite d'une quantité égale à elle-même jusqu'en A'; joignons OA', O'A'. Dans le quadrilatère OAO'A', les diagonales se coupent en parties égales; ce quadrilatère est donc un parallélogramme. Les droites OA, O'A' étant égales et parallèles, un rayon, de même nature que le rayon OA, mettra pour aller de O' en A' un temps égal à t; de même, les droites OA' et O'A étant égales et parallèles, un rayon, de même nature que le rayon OA, mettra pour aller de O en A' un temps égal à $t + \tau$; donc la différence des temps que mettent deux rayons, de même nature que ceux auxquels correspondent les surfaces aplanétiques considérées, pour aller des points O' et O au point A', est égale à $-\tau$. Il suit de là que le point A' se trouve sur la surface aplanétique que l'on obtient en prenant C égal à $-\tau$. Le point A étant un point quelconque de la première surface aplanétique, ce raisonnement s'applique à tout autre point pris sur cette surface; donc :

Deux surfaces aplanétiques par réflexion homologue, appartenant à un même groupe et correspondant à des valeurs égales et de signes contraires de la constante C, forment les deux nappes d'une surface unique ayant pour centre le milieu de la droite OO'.

Les points où ces deux nappes rencontrent la droite OO' sont évidemment à la même distance du milieu M de cette droite : quand la constante C est égale à zéro, les deux nappes se touchent donc au point M, et alors elles peuvent, dans certains cas particuliers qui seront examinés plus loin, se réduire à un seul et même plan. Il est clair, d'ailleurs, que les résultats que nous venons d'obtenir ne sont nullement applicables aux surfaces aplanétiques par réflexion antilogue.

Parmi les surfaces aplanétiques par réflexion qui correspondent aux mêmes positions du point lumineux et du foyer, le point lumineux étant réel et le foyer virtuel, il en est une particulièrement remarquable dans chaque groupe, c'est celle pour laquelle la constante C est nulle. Considérons d'abord les surfaces aplanétiques par réflexion homologue; la surface aplanétique qui correspond à une valeur nulle de la constante C passe alors par le milieu M de la droite OO'; son équation est :

$$\varphi_o (x - a', y - b', z - c') - \varphi_o (x - a, y - b, z - c) = 0,$$

ou :

$$\varphi_e(x-a',\ y-b',\ z-c') - \varphi_e(x-a,\ y-b,\ z-c) = 0,$$

suivant que la surface est aplanétique pour les rayons réfléchis (o, o) ou (e, e). Cette surface a donc une forme plus simple que celles qui correspondent à des valeurs de C différentes de zéro.

Lorsqu'une surface est aplanétique par réflexion antilogue et correspond à une valeur nulle de la constante C, elle ne passe plus par le milieu M de la droite OO', mais bien par un point P de cette droite, tel qu'un rayon ordinaire mette le même temps pour aller de O en P qu'un rayon extraordinaire pour aller de O' en P, ou réciproquement, c'est-à-dire qu'en désignant par v la vitesse ordinaire de la lumière dans le milieu suivant la droite OO', par v' sa vitesse extraordinaire suivant la même direction, on doit avoir, si la surface est aplanétique pour les rayons réfléchis (o, e) :

$$\frac{\mathrm{OP}}{\mathrm{O'P}} = \frac{v}{v'},$$

et, si elle est aplanétique pour les rayons réfléchis (e, o) :

$$\frac{\mathrm{OP}}{\mathrm{O'P}} = \frac{v'}{v}.$$

Dans tous les cas, lorsqu'une surface est aplanétique pour les rayons réfléchis d'une certaine espèce et correspond à une valeur nulle de la constante C, non-seulement ces rayons réfléchis sont dirigés comme s'ils provenaient du point O', mais encore ils atteignent un point quelconque au bout du même temps que s'ils émanaient réellement du point O' au lieu de partir du point O. Quand la constante C est nulle, le foyer virtuel O' peut donc être considéré comme le point d'origine des rayons réfléchis, non-seulement dans les recherches que l'on aura à faire sur les directions de ces rayons, mais encore dans celles relatives à l'état du mouvement vibratoire en un de leurs points. Lorsque, au contraire, la surface aplanétique correspond à une valeur de C différente de zéro, le temps que mettrait un rayon, de même nature que les rayons réfléchis, pour aller du foyer virtuel O' à un point R pris sur un de ces rayons, diffère du temps réellement employé par la lumière pour aller du point lumineux O au point R d'une quantité, constante pour une même surface aplanétique, et égale précisément à la valeur de la constante C sur cette surface ; le foyer ne peut donc alors être substitué au point lumineux que si l'on se borne à chercher les directions des rayons réfléchis.

Dans les milieux isotropes, et dans les milieux uniaxes, si on ne considère dans ces derniers milieux que les rayons ordinaires, le temps employé par la lumière pour aller d'un point à un autre est proportionnel à la distance qui sépare ces deux points.

Donc, le point lumineux étant réel et le foyer virtuel, toutes les surfaces aplanétiques par réflexion dans les milieux isotropes, toutes les surfaces aplanétiques pour les rayons réfléchis (o, o) dans les milieux uniaxes, sont telles que la différence des distances de tous les points d'une de ces surfaces aux points O et O′ soit constante ; ces surfaces aplanétiques sont par conséquent les hyperboloïdes de révolution engendrés par la rotation des hyperboles ayant pour foyers les points O et O′ autour de leur axe réel. Les deux nappes de chacun de ces hyperboloïdes correspondent à des valeurs de C égales et de signes contraires. Lorsque C est nul, la surface aplanétique se réduit à un plan perpendiculaire sur le milieu de la droite OO′. Tous ces résultats, évidents par eux-mêmes, se déduisent avec la plus grande facilité de l'équation (1), qui prend alors la forme :

$$\sqrt{(x-a')^2+(y-b')^2+(z-c')^2} - \sqrt{(x-a)^2+(y-b)^2+(z-c)^2} = C.$$

En faisant $C = 0$, il vient :

$$2(a-a')x + 2(b-b')y + 2(c-c')z + (a'^2-a^2) + (b'^2-b^2) + (c'^2-c^2) = 0,$$

équation d'un plan perpendiculaire à la droite OO′ et passant par le milieu de cette droite.

B. — Le point lumineux et le foyer sont tous deux réels.

Nous avons vu (Ire partie, théorème XIV) que, pour que tous les rayons réfléchis d'une certaine espèce, provenant de rayons incidents émanés d'un même point lumineux réel O (fig. 10), aillent concourir en un même foyer réel O′, il faut et il suffit que l'onde réfléchie coïncide dans une quelconque de ses positions avec la nappe, de même nature que les rayons réfléchis, d'une surface d'onde caractéristique du milieu décrite du point O′ comme centre. Il suit de là que tous ces rayons mettent des temps égaux pour aller du point lumineux au foyer, ou enfin que la somme des temps employés par un rayon, de même nature que les rayons incidents, pour aller du point O à un certain point de la surface réfléchissante, et par un rayon, de même nature que les rayons réfléchis, pour aller du point O′ au même point de cette surface, est constante pour tous les points de la surface réfléchissante.

Donc :

Pour qu'une surface soit aplanétique par réflexion pour des positions données du point lumineux et du foyer, ces deux points étant réels, les rayons incidents étant de nature N et les rayons réfléchis de nature N′, il faut et il suffit que la somme des temps employés par la lumière pour aller du point lumineux et du foyer à un même point de cette surface soit constante sur toute la surface, le premier de ces temps étant évalué en supposant qu'un rayon de nature N se propage du point lumineux au point considéré sur la surface, le second en supposant qu'un rayon de nature N' se propage du foyer au même point.

On voit par là qu'étant données les positions réelles du point lumineux et du foyer, et, de plus, la nature des rayons incidents et celle des rayons réfléchis, il existe une infinité de surfaces aplanétiques, qui se distinguent les unes des autres par la valeur qu'affecte sur chacune d'elles la somme constante des temps que met la lumière pour aller du point lumineux et du foyer à un même point de la surface.

Lorsque le point lumineux et le foyer sont réels, les surfaces aplanétiques sont nécessairement *fermées :* en effet, la vitesse de la lumière n'étant infinie suivant aucune direction, s'il existait sur une de ces surfaces un point situé à une distance infiniment grande du point lumineux ou du foyer, la somme des temps que mettrait la lumière pour aller du point lumineux et du foyer à ce point serait infiniment grande, et, comme cette somme est constante sur toute la surface, tous les autres points de cette surface seraient aussi à l'infini : donc, du moment qu'un certain point de la surface aplanétique est à une distance finie des points O et O', il en est de même de tous les autres, et, comme cette surface ne peut s'arrêter brusquement, c'est une surface fermée comprenant les points O et O' dans son intérieur.

En suivant exactement la même marche que dans le cas précédent, on voit que chacune des surfaces aplanétiques par réflexion pour les positions réelles O et O' du point lumineux et du foyer, les rayons incidents étant de nature N et les rayons réfléchis de nature N', peut être considérée comme le lieu des intersections des nappes de nature N des surfaces d'onde caractéristiques du milieu, décrites du point O comme centre et correspondant au temps T, avec les nappes de nature N' des surfaces d'onde caractéristiques, décrites du point O' comme centre et correspondant au temps C—T, T étant une quantité variable et C une quantité constante pour une même surface aplanétique. L'équation de ces surfaces aplanétiques s'obtiendra donc en éliminant T entre les équations :

$$f\left(\frac{x-a}{T},\ \frac{y-b}{T},\ \frac{z-c}{T}\right)=0 \quad \text{et} \quad f\left(\frac{x-a'}{C-T},\ \frac{y-b'}{C-T},\ \frac{z-c'}{C-T}\right)=0,$$

f devant recevoir l'indice o ou e, dans la première équation suivant que la nature N est ordinaire ou extraordinaire, dans la seconde suivant que la nature N' est ordinaire ou extraordinaire. On peut encore arriver à l'équation de ces surfaces aplanétiques en éliminant T entre les deux équations :

$$\varphi\,(x-a,\ y-b,\ z-c)=\mathrm{T} \quad \text{et} \quad \varphi\,(x-a',\ y-b',\ z-c')=\mathrm{C}-\mathrm{T},$$

ce qui donne :

$$\varphi\,(x-a',\ y-b',\ z-c')+\varphi\,(x-a,\ y-b,\ z-c)=\mathrm{C}. \tag{6}$$

Dans cette équation, φ doit recevoir l'indice o ou e, dans le premier terme suivant que les rayons réfléchis sont ordinaires ou extraordinaires, dans le second suivant que les rayons incidents sont ordinaires ou extraordinaires. La constante C représente la somme des temps que met la lumière pour aller du point lumineux et du foyer à un même point de la surface aplanétique.

Si le milieu où se propagent les rayons est monoréfringent, il n'existe pour des positions données et réelles du point lumineux et du foyer qu'un seul groupe de surfaces aplanétiques.

Si le milieu est biréfringent, pour des positions données et réelles du point lumineux et du foyer, il existe quatre groupes de surfaces aplanétiques dont les équations sont :

pour les rayons réfléchis (o,o) :

$$\varphi_o\,(x-a',\ y-b',\ z-c')+\varphi_o\,(x-a,\ y-b,\ z-c)=\mathrm{C}, \tag{7}$$

pour les rayons réfléchis (e,e) :

$$\varphi_e\,(x-a',\ y-b',\ z-c')+\varphi_e\,(x-a,\ y-b,\ z-c)=\mathrm{C}, \tag{8}$$

pour les rayons réfléchis (o,e) :

$$\varphi_e\,(x-a',\ y-b',\ z-c')+\varphi_o\,(x-a,\ y-b,\ z-c)=\mathrm{C}, \tag{9}$$

pour les rayons réfléchis (e,o) :

$$\varphi_o\,(x-a',\ y-b',\ z-c')+\varphi_e\,(x-a,\ y-b,\ z-c)=\mathrm{C}. \tag{10}$$

Dans chacune de ces équations la constante C, étant une somme de deux temps, doit toujours être positive ; il est évident d'ailleurs que, les points O et O' devant se trouver du même côté de la surface aplanétique, la valeur de cette constante ne peut descendre au dessous d'un certain minimum.

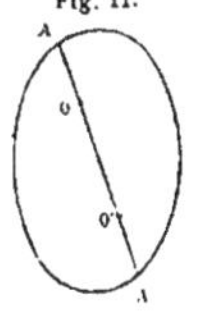

Examinons d'abord le cas d'un milieu monoréfringent : soit A (fig. 11) le point où l'une des surfaces aplanétiques rencontre la droite OO'. Le point A doit se trouver en dehors de l'intervalle OO' ; supposons que ce point A se trouve au-delà du point O. Prenons O'A' = OA : il est aisé de voir que la surface aplanétique qui passe par le point A passe aussi par le point A'. En effet, on a :

$$\mathrm{OA}+\mathrm{O'A}=\mathrm{OO'}+2\mathrm{OA}, \quad \mathrm{OA'}+\mathrm{O'A'}=\mathrm{OO'}+2\mathrm{O'A'},$$

et comme

$$\mathrm{OA}=\mathrm{O'A'},$$

il vient :

$$OA + O'A = O'A' + OA'.$$

La somme des temps que met la lumière pour aller des points O et O' au point A étant égale à la somme des temps qu'elle emploie pour aller des points O et O' au point A', les points A et A' se trouvent sur une même surface aplanétique, et la somme des temps que met la lumière pour aller des points O et O' soit au point A, soit au point A', est égale à la valeur de C sur cette surface. La constante C aura donc la plus petite valeur possible, lorsque les points A et A' coïncideront respectivement avec les points O et O', c'est-à-dire quand la surface aplanétique passera à la fois par le point lumineux et par le foyer, et cette valeur minimum de C sera égale au temps t que met la lumière pour aller de O en O'. C pouvant du reste augmenter indéfiniment, on voit que, dans l'équation (6), considérée comme représentant les surfaces aplanétiques par réflexion dans un milieu monoréfringent pour des positions réelles du point lumineux et du foyer, la constante C peut varier de $+ t$ à $+ \infty$.

Le raisonnement précédent est évidemment applicable au cas où, le milieu étant biréfringent, on considère les surfaces aplanétiques par réflexion homologue. On voit donc que, dans l'équation (7), C peut varier de $+ t$ à $+ \infty$, t étant le temps que met dans le milieu un rayon ordinaire pour aller de O en O', et que, dans l'équation (8), C peut varier de $+ t'$ à $+ \infty$, t' étant le temps que met dans le milieu un rayon extraordinaire pour aller de O en O'.

Considérons maintenant le cas des surfaces aplanétiques par réflexion antilogue : supposons, par exemple, qu'il s'agisse des surfaces aplanétiques pour les rayons réfléchis (o, e), et cherchons la valeur minimum de la constante C. Imaginons à cet effet une surface aplanétique appartenant à ce groupe, et qui rencontre la droite OO' en deux points A et A', dont aucun ne soit situé entre O et O'. Si C va en diminuant, il arrivera un moment où la surface aplanétique passera par l'un des points O ou O', et alors C aura atteint sa plus petite valeur possible, qui sera t ou t' suivant qu'à ce moment la surface passe par le point O' ou par le point O. Si l'on a $t' > t$, la surface, lorsque C ira en diminuant, passera en O avant de passer en O', et la plus petite valeur de C sera t'; si, au contraire, on a $t' < t$, la surface passera en O' avant de passer en O, et la plus petite valeur de C sera t. Donc, dans l'équation (9), la constante C peut varier depuis la plus grande des quantités t et t' jusqu'à $+ \infty$. On verra de la même façon que, dans l'équation (10), la constante C peut varier entre les mêmes limites.

La forme des équations des surfaces aplanétiques par réflexion pour des positions réelles du point lumineux et du foyer montre que, par rapport à l'une quelconque de ces surfaces, les points O et O' sont deux foyers conjugués, c'est-à-dire que, si l'un de ces points est un point lumineux réel, l'autre est un foyer réel, cette proposition devant être prise, lorsque la surface est aplanétique par réflexion antilogue, dans le sens que nous avons indiqué dans le paragraphe précédent. Il faut remarquer que, si le point lumineux et le foyer sont tous deux réels, la réflexion a toujours lieu sur la face interne de la surface aplanétique, quel que soit celui des deux points O et O′ qui soit le point lumineux.

Nous allons démontrer maintenant que les surfaces aplanétiques par réflexion homologue pour des positions réelles du point lumineux et du foyer ont toutes pour centre le milieu M de la droite OO′, qui joint le point lumineux au foyer.

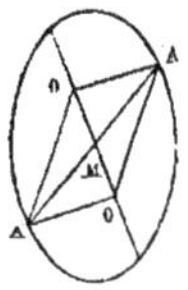

En effet, soit A (fig. 12) un point pris sur une de ces surfaces; joignons AM, et prolongeons cette droite d'une quantité égale à elle-même jusqu'en A′. Le quadrilatère OAO′A′, dans lequel les diagonales se coupent en parties égales, est un parallélogramme; donc, la droite O′A étant égale et parallèle à la droite OA′, et la droite OA étant égale et parallèle à la droite O′A′, la somme des temps que mettent deux rayons, ordinaires ou extraordinaires suivant que la surface est aplanétique pour les rayons réfléchis (o, o) ou pour les rayons réfléchis (e, e), pour aller des points O et O′ au point A′, est égale à la somme des temps que mettent deux rayons, de même nature que les deux premiers, pour aller des points O et O′ au point A. Le point A′ se trouve donc sur la même surface aplanétique que le point A ; le point A étant d'ailleurs un point quelconque de la surface aplanétique, on voit que cette surface a pour centre le point M. Ce raisonnement n'est évidemment pas applicable aux surfaces aplanétiques par réflexion antilogue.

Quand le point lumineux et le foyer sont tous deux réels, les rayons s'entre-croisent réellement au foyer, et ce foyer ne peut être substitué au point lumineux que lorsqu'il s'agit de trouver les directions des rayons réfléchis, et non lorsqu'on veut calculer le mouvement vibratoire en un point d'un rayon réfléchi. En effet, si on prend sur un de ces rayons réfléchis un point M situé au-delà du foyer, les temps employés par la lumière pour aller des points O et O′ au point M diffèrent toujours entre eux du temps que met la lumière pour se propager de O en O′, c'est-à-dire de C.

Dans le cas dont nous nous occupons, le point lumineux et le foyer étant dans le même milieu, on peut supposer qu'ils se confondent. Lorsqu'une surface est aplanétique par réflexion homologue, et que le foyer se confond avec le point lumineux réel, l'équation de cette surface prend la forme :

$$\varphi\,(x - a, \; y - b, \; z - c) = \frac{C}{2},$$

φ devant recevoir l'indice o ou e, si le milieu est biréfringent, suivant que la surface est aplanétique pour les rayons réfléchis (o, o) ou (e, e); cette équation est celle de la nappe, de même nature que les rayons incidents et réfléchis, d'une surface d'onde caractéristique du milieu, décrite du point O comme centre et correspondant au temps $\frac{C}{2}$; C peut évidemment varier ici de zéro à $+\infty$.

Nous arrivons ainsi à la proposition suivante :

Pour que tous les rayons réfléchis d'une certaine espèce reviennent passer par le point lumineux dont émanent les rayons incidents, la réflexion étant homologue, il faut et il suffit que la surface réfléchissante se confonde avec la nappe, de même nature que les rayons incidents et les rayons réfléchis, d'une surface d'onde caractéristique du milieu décrite du point lumineux comme centre.

Soit une surface aplanétique par réflexion antilogue, le point lumineux et le foyer étant confondus ; l'équation de cette surface sera de la forme :

$$\varphi_o(x - a,\ y - b,\ z - c) + \varphi_e(x - a,\ y - b,\ z - c) = C,$$

ce qui montre que, si la surface considérée est aplanétique pour les rayons réfléchis (o, e), elle l'est aussi pour les rayons réfléchis (e, o), comme il était facile de le prévoir. Les surfaces aplanétiques par réflexion antilogue, lorsque le point lumineux et le foyer sont confondus en O, ne sont point des surfaces d'onde caractéristiques du milieu ; mais elles ont toutes pour centre le point O, et sont semblables et semblablement placées par rapport à ce point. En effet, considérons un rayon vecteur mené par le centre O ; aux points où ce rayon vecteur rencontre les surfaces aplanétiques, les plans tangents à ces surfaces doivent avoir une direction telle que le rayon réfléchi (o, e) ou (e, o) reprenne la direction du rayon incident, ce qui ne peut avoir lieu que si tous ces plans tangents sont parallèles entre eux.

Lorsque le point lumineux et le foyer sont tous deux réels, toutes les surfaces aplanétiques par réflexion dans les milieux isotropes, les surfaces aplanétiques pour les rayons réfléchis (o, o) dans les milieux uniaxes, sont telles que la somme des distances de tous les points de chacune d'entre elles au point lumineux et au foyer soit constante : ce sont donc les ellipsoïdes de révolution engendrés par la rotation autour de leur grand axe des ellipses qui ont pour foyers les points O et O' ; ces surfaces ne peuvent évidemment devenir sphériques que si le point lumineux et le foyer se confondent.

C. — Le point lumineux est virtuel et le foyer réel.

Soit S (fig. 13) une surface réfléchissante telle que, les rayons incidents étant de nature N et leurs directions allant concourir au point lumineux virtuel O, tous les rayons réfléchis de nature N' convergent au foyer réel O'. Si on suppose le milieu dans lequel se meuvent les rayons prolongé au-delà de la surface réfléchissante, et si on imagine dans ce milieu, ainsi prolongé, des rayons incidents de nature N émanés du point O, qui sera alors un point lumineux réel, on voit que les rayons réfléchis de nature N' qui correspondront à ces rayons incidents seront dirigés comme s'ils provenaient du point O', qui sera alors un foyer virtuel. On trouvera donc, dans le cas dont nous nous occupons, les mêmes surfaces aplanétiques que si le point O était un point lumineux réel et le point O' un foyer virtuel , et l'on est ainsi ramené au cas que nous avons examiné en premier lieu. Ainsi chacune des surfaces représentées par l'équation (1) est aplanétique par réflexion pour les positions O et O' du point lumineux et du foyer, soit lorsque le point O est un point lumineux réel et le point O' un foyer virtuel, soit lorsqu'au contraire le point O est un point lumineux virtuel et le point O' un foyer réel. Mais, suivant que l'une ou l'autre de ces conditions doit être remplie, le milieu dans lequel se propagent les rayons doit être situé d'un côté de la surface ou du côté opposé, et la réflexion doit avoir lieu sur l'une ou l'autre dés faces de cette surface.

Dans le cas actuel, les deux points O et O' sont encore deux foyers conjugués par rapport à l'une quelconque des surfaces aplanétiques, c'est-à-dire que toute surface aplanétique sur une ses faces lorsque O est un point lumineux virtuel et O' un foyer réel, le sera encore, mais sur sa face opposée, lorsque O sera un foyer réel et O' un point lumineux virtuel.

En résumé, étant données les positions du point lumineux et du foyer, toute surface représentée par l'équation (1) est aplanétique sur l'une de ses faces lorsque O est un point lumineux réel et O' un foyer virtuel, ou lorsque O' est un point lumineux virtuel et O un foyer réel, sur la face opposée lorsque O est un point lumineux virtuel et O' un foyer réel, ou lorsque O' est un point lumineux réel et O un foyer virtuel.

D. — *Le point lumineux et le foyer sont tous deux virtuels.*

Soit S (fig. 14) une surface réfléchissante telle que, les rayons incidents étant de nature N et dirigés de façon à concourir au point lumineux virtuel O, les rayons réfléchis de nature N' soient dirigés comme s'ils provenaient du foyer virtuel O'. Si on imagine le milieu dans lequel se meuvent les rayons prolongé au-delà de la surface S, et, dans ce milieu ainsi prolongé, des rayons incidents de nature N émanés du point O, qui sera alors un point lumineux réel , on voit que les rayons réfléchis de nature N' qui correspondront à ces rayons incidents iront concourir au point O', qui sera alors

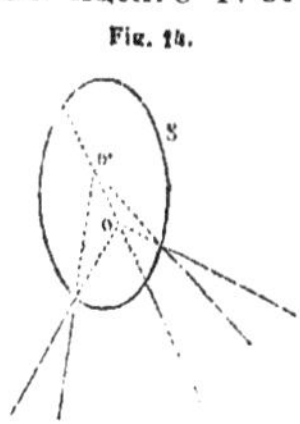

14

un foyer réel. Donc, quand le point lumineux et le foyer sont tous deux virtuels, les surfaces aplanétiques sont les mêmes que si ces points étaient tous deux réels; nous nous trouvons ainsi ramenés au second cas, et nous voyons que chacune des surfaces représentées par l'équation (6) est aplanétique, que le point lumineux et le foyer soient tous deux réels, ou qu'ils soient tous deux virtuels. Mais, si ces deux points sont réels, la réflexion aura lieu sur la face interne de la surface, s'ils sont virtuels sur sa face externe, et, par suite, suivant que l'une ou l'autre de ces deux conditions est remplie, le milieu dans lequel se meuvent les rayons doit se trouver à l'intérieur ou à l'extérieur de la surface aplanétique, qui, dans le cas actuel, est toujours fermée.

Lorsque le point lumineux et le foyer sont tous deux virtuels, ces deux points sont encore des foyers conjugués par rapport aux surfaces aplanétiques qui leur correspondent. Donc, en définitive, toute surface représentée par l'équation (6) est aplanétique sur sa face interne lorsque O est un point lumineux réel et O′ un foyer réel, ou lorsque O′ est un point lumineux réel et O un foyer réel, sur sa face externe lorsque O est un point lumineux virtuel et O′ un foyer virtuel, ou lorsque O′ est un point lumineux virtuel et O un foyer virtuel.

Nous pouvons condenser les résultats acquis relativement aux quatre cas que nous venons d'examiner dans les propositions suivantes :

Pour qu'une surface soit aplanétique par réflexion, étant données les positions du point lumineux et du foyer, aucun de ces deux points n'étant à l'infini, les rayons incidents étant de nature N et les rayons réfléchis de nature N′, il faut et il suffit que la somme ou la différence des temps employés par la lumière pour aller du point lumineux et du foyer à un même point de cette surface soit constante sur toute la surface, le premier de ces temps étant évalué en supposant qu'un rayon de nature N se propage, dans le milieu où se meuvent les rayons, du point lumineux au point considéré sur la surface, le second en supposant qu'un rayon de nature N′ se propage, dans le même milieu, du foyer au même point, et le milieu étant supposé, si cela est nécessaire, prolongé au-delà de la surface réfléchissante de façon à comprendre à la fois le point lumineux et le foyer.

Si c'est la somme de ces deux temps qui est constante sur la surface réfléchissante, le point lumineux et le foyer sont ou tous deux réels ou tous deux virtuels, c'est-à-dire se trouvent d'un même côté de cette surface; si c'est, au contraire, la différence des deux temps qui est constante, le point lumineux et le foyer sont l'un réel, l'autre virtuel, c'est-à-dire se trouvent de part et d'autre de la surface réfléchissante.

L'équation générale des surfaces aplanétiques par réflexion pour des positions données du point lumineux et du foyer, dont aucune n'est à l'infini, est :

$$\varphi(x-a',y-b',z-c') \pm \varphi(x-a,\,y-b,\,z-c) = \mathrm{C}. \qquad (\mathrm{11})$$

Dans cette équation, le signe φ recevra l'indice o ou l'indice e, dans le premier terme suivant que les rayons réfléchis sont ordinaires ou extraordinaires, dans le second suivant que les rayons incidents sont ordinaires ou extraordinaires. On prendra le signe + si le point lumineux et le foyer doivent être du même côté de la surface, le signe — si ces deux points doivent se trouver de part et d'autre de la surface.

Par rapport à chacune des surfaces représentées par l'équation (11), les deux points O et O' sont foyers conjugués, c'est-à-dire que la surface qui fait converger en O' les rayons réfléchis de nature N', provenant de rayons incidents de nature N émanés du point lumineux O, fait aussi converger en O les rayons réfléchis de nature N, provenant de rayons incidents de nature N' émanés du point lumineux O'.

De plus, chacune de ces surfaces est aplanétique sur ses deux faces, c'est-à-dire que le milieu dans lequel se meuvent les rayons peut être situé d'un côté de cette surface ou du côté opposé sans qu'elle cesse pour cela d'être aplanétique pour les mêmes positions du point lumineux et du foyer.

Nous allons actuellement passer à l'examen des quatre cas qui peuvent se présenter lorsqu'un seul des deux points O et O' est à l'infini.

E. — *Le point lumineux est à l'infini et le foyer est virtuel.*

Cela signifie que, les rayons incidents étant parallèles, les rayons réfléchis d'une certaine espèce sont tous dirigés comme s'ils provenaient d'un foyer virtuel O'.

Soit S (fig. 15) une surface réfléchissante telle que, les rayons incidents étant de nature N et parallèles à une certaine direction D, les rayons réfléchis de nature N' soient dirigés comme s'ils provenaient du foyer virtuel O'. Cette surface rencontre en A le rayon incident dont le prolongement passe en O'. Prenons sur ce rayon une longueur Aα, telle qu'un rayon de nature N mette le même temps pour aller de α en A qu'un rayon de nature N' pour aller de O' en A; si la surface est aplanétique par réflexion homologue, les deux longueurs O'A et Aα seront égales entre elles. Considérons l'onde plane correspondant aux rayons incidents et passant par le point α, et désignons cette onde par P. Soit Σ l'onde réfléchie au bout du temps T, compté à partir du moment où l'onde plane incidente occupe la position P. Prenons un point quelconque α' sur l'onde P; le rayon incident qui passe par ce point rencontre la surface S en A', et le rayon réfléchi de nature N' qui correspond à ce rayon incident est dirigé suivant le prolongement de O'A'. Soient B et B' les points où les rayons réfléchis de nature N' correspondant aux rayons incidents αA et α'A' rencontrent l'onde Σ.

Fig. 15.

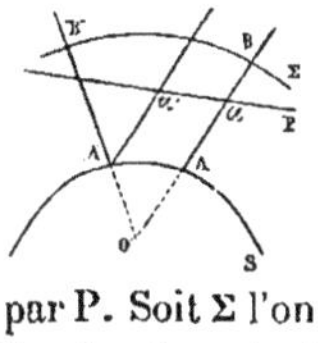

Désignons par t le temps qu'emploie un rayon de nature N pour aller de α en A ; t sera aussi le temps que mettra un rayon de nature N′ pour se propager de O′ en A. Soient encore θ et θ' les temps qu'emploient des rayons de nature N′ pour se propager de A en B et de A′ en B′, t' le temps que met un rayon de nature N pour aller de α' en A′, enfin t'_1 le temps que met un rayon de nature N′ pour aller de O′ en A′. L'onde réfléchie Σ coïncide avec la nappe de nature N′ d'une surface d'onde caractéristique du milieu, décrite du point O′ comme centre et correspondant à un certain temps que nous appellerons T′. On a donc :

$$t + \theta = \mathrm{T}, \quad t' + \theta' = \mathrm{T}, \quad t + \theta = \mathrm{T}', \quad t'_1 + \theta' = \mathrm{T}',$$

d'où :

$$\mathrm{T}' = \mathrm{T}, \quad \text{et} \quad t'_1 = t'.$$

Le point A′ étant un point quelconque de la surface S, cette dernière égalité est vérifiée pour tous les points de cette surface.

Réciproquement, soit S une surface réfléchissante quelconque : supposons que les rayons incidents soient parallèles à une certaine direction D et de nature N, et que O′ soit un point quelconque, pris de l'autre côté de la surface réfléchissante ; sur le rayon incident dont le prolongement passe par le point O′ prenons un point α, tel qu'un rayon de nature N mette le même temps pour aller de α en A qu'un rayon de nature N′ pour aller de O′ en A, et désignons par P l'onde plane correspondant aux rayons incidents qui passe par le point α. Prenons un point quelconque A′ sur la surface S : le rayon incident qui passe en A′ rencontre l'onde plane P en α'. Appelons t' le temps que met un rayon de nature N pour aller de α' en A′, t'_1 le temps que met un rayon de nature N′ pour aller de O′ en A′. Si, quel que soit le point A′ pris sur la surface S, on a toujours :

$$t'_1 = t',$$

la surface S est aplanétique par réflexion, les rayons incidents étant parallèles à la direction D et de nature N, les rayons réfléchis étant de nature N′ et le foyer virtuel se trouvant en O′.

Pour le démontrer, décrivons la nappe Σ de nature N′ d'une surface d'onde caractéristique du milieu, ayant pour centre le point O′ et correspondant à un certain temps T′ ; soient B et B′ les points où les droites O′A et O′A′ prolongées rencontrent la surface Σ, t le temps qu'emploie un rayon de nature N pour aller de α en A et un rayon de nature N′ pour aller de O′ en A, temps qui, par construction, est le même pour ces deux rayons ; appelons enfin θ et θ' les temps qu'emploient des rayons de nature N′ pour se propager de A en B et de A′ en B′. On aura :

$$t + \theta = \mathrm{T}', \quad t'_1 + \theta' = \mathrm{T}' ;$$

comme, d'ailleurs, on a : $t'_1 = t'$, il vient :

$$t + \theta = t' + \theta'.$$

Cette égalité ayant lieu quel que soit le point A′, il faut en conclure que la lumière met des temps égaux pour aller de l'onde plane P aux différents points de la surface Σ en suivant les chemins αAB, α′A′B′....., les rayons αA, α′A′...... étant de nature N, et les rayons AB, A′B′..... de nature N′, et que ces temps sont tous égaux à T′. Remarquons, de plus, que les plans tangents menés à la surface Σ aux points B, B′... ont des directions conjuguées, ordinairement ou extraordinairement suivant que la nature N′ des rayons réfléchis est ordinaire ou extraordinaire, à celles des droites AB, A′B′.... Il suit de là que cette surface Σ est l'enveloppe des nappes de nature N′ des surfaces d'onde caractéristiques du milieu, décrites des points A, A′... comme centres et correspondant respectivement aux temps T′— t, T′— t'.... et que, de plus, celle de ces nappes qui est décrite du point A comme centre touche l'enveloppe commune au point B, celle décrite du point A′ comme centre au point B′, et ainsi de suite, Donc, d'après la construction générale de l'onde réfléchie, la surface Σ n'est autre que la position de l'onde réfléchie au bout du temps T′, compté à partir du moment où l'onde incidente passe par la position P, et les rayons AB, A′B′.... sont les rayons réfléchis de nature N′ correspondant aux rayons incidents parallèles à la direction D et de nature N ; c'est précisément ce qu'il fallait démontrer.

Nous arrivons ainsi à la proposition suivante :

Pour qu'une surface soit aplanétique par réflexion, les rayons incidents étant parallèles à une direction donnée D et de nature N, les rayons réfléchis étant de nature N′, le foyer étant virtuel et se trouvant en un point donné O′, il faut et il suffit que la lumière mette des temps égaux pour aller d'une certaine position de l'onde plane correspondant aux rayons incidents et du foyer à un quelconque des points de cette surface, le premier de ces temps étant évalué en supposant qu'un rayon de nature N se propage, parallèlement à la direction D, de l'onde plane au point considéré sur la surface, et le second en supposant qu'un rayon de nature N′ aille du foyer au même point de la surface dans le milieu prolongé de façon à comprendre le foyer.

Chacune de ces surfaces aplanétiques rencontre le rayon incident dont le prolongement passe en O′ en un point qui est atteint avant le point O′ par la lumière se propageant dans le sens des rayons incidents. On voit donc qu'à chaque position de l'onde plane correspondant aux rayons incidents qui est antérieure à celle passant par le point O′, et à celles-là seulement, correspond une surface aplanétique, et une seule. Nous dirons que chacune de ces ondes est *l'onde plane directrice* de la surface aplanétique à laquelle elle correspond.

Ainsi, dans la figure 15, P est l'onde plane directrice de la surface aplanétique S.

Toutes ces surfaces aplanétiques sont évidemment illimitées dans le sens suivant lequel se meuvent les rayons incidents, et tournent leur convexité en sens contraire de la marche de ces rayons, de telle sorte que les rayons incidents, dans le cas dont nous nous occupons, tombent sur la face convexe de ces surfaces.

Soit maintenant S (fig. 16) une de ces surfaces aplanétiques, et P l'onde plane directrice de cette surface. Considérons une onde plane P', parallèle à l'onde P

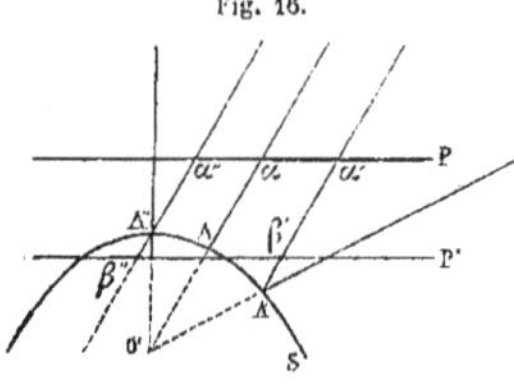
Fig. 16.

et telle qu'un rayon de nature N, se propageant suivant la direction D, mette un temps τ pour aller de l'onde P à l'onde P', ou, comme nous dirons pour abréger, une onde plane P' postérieure de τ à l'onde plane directrice P. Supposons d'abord que l'onde P' coupe la surface S, et prenons sur cette onde un point β' situé dans le milieu où se propagent les rayons incidents; le rayon incident qui passe en β' rencontre la surface S au point A', et l'onde P au point α'.

Désignons par t' et t_2 les temps qu'emploient des rayons de nature N pour aller des points α' et β', au point A', par t'_1 le temps que met un rayon de nature N' pour se propager de O' en A'. P étant l'onde plane directrice de la surface, on a toujours : $t' = t'_1$; d'ailleurs, par construction, on a : $t_2 = t' - \tau$; il vient donc : $t'_1 - t_2 = \tau$; c'est-à-dire que, pour toute la partie de l'onde plane P' qui est située dans le milieu où se meuvent les rayons incidents, la différence des temps employés par la lumière pour aller du foyer et de l'onde plane P' à un même point de la surface aplanétique (ces temps étant évalués comme il a été dit plus haut), est constante et égale au temps τ dont l'onde plane P' est postérieure à l'onde plane directrice P.

Prenons sur l'onde plane P' un point β'' situé au-delà de la surface réfléchissante; le rayon incident dont le prolongement passe en β'' rencontre la surface S en A'' et l'onde plane directrice P en α'' : appelons t'' et t'_2 les temps que mettent des rayons de nature N pour se propager de α'' et de β'' en A'', t''_1 le temps qu'emploie un rayon de nature N' pour aller de O' en A''; on a toujours : $t'' = t''_1$; d'ailleurs, par construction, on a : $\tau = t'' + t'_2$, d'où il vient : $t'_2 + t''_1 = \tau$. Donc, pour la partie de l'onde plane P' qui est située en dehors du milieu dans lequel se meuvent les rayons incidents, c'est la somme des temps employés par la lumière pour aller de l'onde plane P' et du foyer à un même point de la surface aplanétique qui est constante et égale à τ (ces temps étant évalués comme il a été convenu).

On verrait absolument de même que, si l'onde plane P', tout en étant postérieure à l'onde plane directrice P, ne coupe pas la surface S, la différence des deux temps dont nous venons de parler est toujours constante et égale à τ, et que, si l'onde plane P' est antérieure de τ à l'onde plane directrice, auquel cas elle ne coupe jamais la surface S, c'est encore la différence de ces deux temps qui est constante et égale à — τ.

Tous ces résultats peuvent être compris dans l'énoncé suivant :

Lorsqu'une surface S est aplanétique par réflexion, les rayons incidents étant parallèles à une certaine direction D et de nature N, les rayons réfléchis étant de nature N′ et le foyer étant virtuel, la différence algébrique des temps employés par la lumière pour aller du foyer et d'une onde plane quelconque correspondant aux rayons incidents à un même point de la surface aplanétique est constante, le premier de ces temps étant celui que met un rayon de nature N′ pour se propager du foyer au point considéré sur la surface S, et étant toujours compté positivement, le second étant celui qu'emploie un rayon de nature N pour aller de l'onde plane au même point de la surface aplanétique, en se propageant parallèlement à la direction D, et étant pris positivement ou négativement suivant que, pour aller de l'onde plane au point pris sur la surface aplanétique, le rayon parallèle à la direction D doit se mouvoir dans le même sens que les rayons incidents ou en sens contraire.

La différence constante des deux temps ainsi définis, que nous désignerons dans tout ce qui va suivre le premier par U′ et le second par U, est toujours égale au temps τ que met un rayon de nature N pour aller, en se propageant parallèlement à la direction D, de l'onde plane directrice à l'onde plane considérée, τ devant recevoir le signe + ou — suivant que cette dernière onde est postérieure ou antérieure à l'onde plane directrice. Pour une même surface aplanétique, la différence constante U′ — U $= \tau$ peut varier de — ∞ à + ∞ si on considère successivement l'onde plane correspondant aux rayons incidents dans les différentes positions réelles ou virtuelles qu'elle peut occuper, et cette différence se réduit à zéro lorsque l'onde plane coïncide avec l'onde plane directrice.

La condition nécessaire que nous venons de poser est aussi suffisante, c'est-à-dire qu'étant donnés une surface réfléchissante S, des rayons incidents de nature N, parallèles à une certaine direction D, et un point O′ situé au-delà de cette surface réfléchissante, si, pour tous les points de la surface S, la différence algébrique des temps U′ et U, définis comme nous l'avons fait plus haut, est constante, l'onde plane incidente P′ étant considérée dans une quelconque de ses positions réelles ou virtuelles, les rayons réfléchis de nature N′ seront dirigés comme s'ils provenaient du point O′. En effet, soit τ la différence constante U′ — U ; en menant une onde plane P parallèle à l'onde plane P′, antérieure ou postérieure de τ à cette onde P′ suivant que τ est positif ou négatif, on voit immédiatement que les temps employés par la lumière pour aller du foyer et de l'onde plane P à un même point de la surface S sont égaux, ces temps étant évalués suivant les conventions que nous avons établies ; d'où il résulte, d'après ce que nous avons dit plus haut, que la surface S est aplanétique pour des rayons incidents de nature N, parallèles à la direction D, et pour le point O′, considéré comme foyer virtuel, les rayons réfléchis étant de nature N′. Donc, en définitive :

Pour qu'une surface soit aplanétique par réflexion dans les conditions qui viennent d'être énoncées, il faut et il suffit que, sur toute cette surface, la différence algébrique des temps U′ et U soit constante, l'onde plane incidente étant considérée dans une quelconque de ses positions réelles ou virtuelles.

Remarquons que, si l'onde plane incidente que l'on prend pour point de départ coupe la surface S, elle sépare cette surface en deux parties, l'une limitée, l'autre illimitée, et que, pour tous les points situés sur la partie limitée, c'est la somme des valeurs absolues des temps U et U′ qui est constante, tandis que, pour les points situés sur la partie illimitée, c'est la différence de ces valeurs absolues qui reste invariable. Lorsque l'onde plane incidente ne coupe pas la surface S, pour tous les points de cette surface c'est la différence des valeurs absolues de U et de U′ qui est constante.

Nous allons maintenant chercher l'équation des surfaces aplanétiques par réflexion, les rayons incidents étant de nature N et parallèles à une certaine direction D, les rayons réfléchis étant de nature N′, le foyer étant virtuel et se trouvant en O′. Chacune de ces surfaces, d'après ce que nous avons démontré, peut être considérée comme le lieu des intersections des nappes de nature N′ des surfaces d'onde caractéristiques du milieu, décrites du point O′ comme centre et correspondant au temps T, avec les ondes planes postérieures de T à une certaine onde plane incidente, qui est l'onde plane directrice de la surface. On obtiendra toutes les surfaces aplanétiques en supposant que cette onde plane directrice occupe successivement toutes les positions antérieures à celle qui passe par le point O′. Il est toujours facile de trouver l'équation de l'onde plane incidente qui passe par l'origine ; car la direction de cette onde n'est autre que celle d'un plan conjugué, ordinairement ou extraordinairement, à la direction commune des rayons incidents, suivant que ces rayons sont ordinaires ou extraordinaires. Soit :

$$A.x + By + Cz = 0$$

cette équation ; celle de l'onde plane incidente qui est postérieure de T à l'onde passant par l'origine, sera de la forme :

$$Ax + By + Cz + \delta T = 0,$$

car, l'onde plane incidente se propageant avec une vitesse constante, le terme constant de cette dernière équation doit être proportionnel au temps T. Posons :

$$\frac{A}{\delta} = \alpha, \quad \frac{B}{\delta} = \beta, \quad \frac{C}{\delta} = \gamma;$$

l'équation de l'onde plane incidente postérieure de T à celle qui passe par l'origine devient :

$$\alpha x + \beta y + \gamma z + T = 0,$$

et celle de l'onde plane incidente antérieure de T à celle qui passe par l'origine :

$$\alpha x + \beta y + \gamma z - T = 0.$$

Prenons pour simplifier *le foyer* O′ *pour origine*, et cherchons l'équation de l'onde plane directrice antérieure de τ à l'onde plane incidente qui passe en O′; cette équation est, d'après ce que nous venons de dire :

$$\alpha x + \beta y + \gamma z + \tau = 0.$$

L'onde plane incidente postérieure de T à cette onde plane directrice est antérieure de $\tau - T$ à celle qui passe par l'origine; son équation est donc :

$$\alpha x + \beta y + \gamma z + T - \tau = 0.$$

Enfin l'équation de la nappe de nature N′ de la surface d'onde caractéristique du milieu, décrite du point O′ comme centre et correspondant au temps T, est :

$$\varphi\,(x, y, z) = T,$$

φ devant recevoir l'indice o ou e suivant que les rayons réfléchis sont ordinaires ou extraordinaires.

L'équation générale des surfaces aplanétiques cherchées s'obtiendra en éliminant T entre ces deux dernières équations, ce qui donne :

$$\varphi\,(x, y, z) + (\alpha x + \beta y + \gamma z) = \tau. \tag{12}$$

Dans cette équation, τ représente le temps dont l'onde plane directrice de la surface aplanétique est antérieure à l'onde plane incidente qui passe par le foyer. Pour avoir toutes les surfaces aplanétiques qui satisfont à la question, il faut donc, dans l'équation (12), faire varier τ de zéro à $+\infty$.

Supposons que, les rayons incidents conservant leur direction et leur nature, le sens selon lequel ils se propagent soit changé, les rayons réfléchis restant de même nature et le foyer virtuel conservant aussi la même position, ce que nous exprimerons en disant que les rayons incidents, au lieu d'être parallèles à la direction $+$ D, sont parallèles à la direction $-$ D. Les surfaces aplanétiques dans ces conditions différeront de celles que nous venons de trouver et tourneront leur convexité en sens contraire. Pour en avoir l'équation, remarquons que, les rayons incidents étant parallèles à la direction — D, l'équation de l'onde plane incidente postérieure de T à celle qui passe par l'origine est :

$$\alpha x + \beta y + \gamma z - T = 0 ;$$

l'équation des surfaces aplanétiques s'obtiendra donc, dans ce cas, en éliminant T entre les équations :

$$\varphi(x, y, z) = T, \quad \text{et} \quad \alpha x + \beta y + \gamma z - T + \tau = 0,$$

ce qui donne :

$$\varphi(x, y, z) - (\alpha x + \beta y + \gamma z) = \tau ; \tag{13}$$

dans cette équation τ peut varier de zéro à $-\infty$.

En résumé :

Les rayons incidents étant parallèles à la direction $+$ D ou à la direction $-$ D et le foyer étant virtuel, l'équation générale des surfaces aplanétiques par réflexion est, en prenant ce foyer pour origine :

$$\varphi(x, y, z) \pm (\alpha x + \beta y + \gamma z) = \tau, \tag{14}$$

$\alpha x + \beta y + \gamma z + T = 0$ *étant l'équation de l'onde plane incidente postérieure de T à celle qui passe par l'origine lorsque les rayons incidents sont parallèles à la direction $+$ D. Dans l'équation (14) on doit donner à φ l'indice o ou e suivant que les rayons réfléchis sont ordinaires ou extraordinaires ; on doit prendre le signe $+$ ou le signe $-$ suivant que les rayons incidents sont parallèles à la direction $+$ D ou à la direction $-$ D ; enfin τ peut varier de $-\infty$ à $+\infty$.*

Quand le milieu est biréfringent, et que la nature des rayons incidents et celle des rayons réfléchis ne sont pas données, il existe, dans le cas dont nous nous occupons, quatre groupes de surfaces aplanétiques. En représentant par :

$$\alpha_o x + \beta_o y + \gamma_o z + T = 0,$$

et par :

$$\alpha_e x + \beta_e y + \gamma_e z + T = 0,$$

les équations des ondes planes incidentes qui correspondent aux rayons incidents parallèles à la direction $+$ D et qui sont postérieures de T à celles passant par l'origine, suivant que ces rayons sont ordinaires ou extraordinaires, les équations de ces quatre groupes sont : pour les rayons réfléchis (o, o) :

$$\varphi_o(x, y, z) \pm (\alpha_o x + \beta_o y + \gamma_o z) = \tau, \tag{15}$$

pour les rayons réfléchis (e, e) :

$$\varphi_e(x, y, z) \pm (\alpha_e x + \beta_e y + \gamma_e z) = \tau, \tag{16}$$

pour les rayons réfléchis (o, e) :

$$\varphi_e(x, y, z) \pm (\alpha_o x + \beta_o y + \gamma_o z) = \tau, \qquad (17)$$

pour les rayons réfléchis (e, o) :

$$\varphi_o^{\cdot}(x, y, z) \pm (\alpha_e x + \beta_e y + \gamma_e z) = \tau. \qquad (18)$$

Dans chacune de ces équations, τ peut varier de $-\infty$ à $+\infty$.

Les surfaces aplanétiques des deux premiers groupes sont les seules qui coupent en deux parties égales la longueur O'α (fig. 15) comprise, sur la parallèle aux rayons incidents qui passe par le foyer, entre ce foyer et l'onde plane directrice.

F. — Le point lumineux est à l'infini et le foyer est réel.

Cela signifie que, les rayons incidents étant parallèles entre eux, les rayons réfléchis d'une certaine espèce vont concourir en un foyer réel O'.

Soit S (fig. 17) une surface aplanétique par réflexion, les rayons incidents étant de nature N et parallèles à la direction $+$ D, les rayons réfléchis étant de nature N', le foyer étant réel et se trouvant en O'. Si on suppose que, dans le milieu prolongé au-delà de la surface réfléchissante, des rayons incidents de nature N, parallèles à la direction $-$ D, tombent sur la surface S, les rayons réfléchis de nature N' seront dirigés comme s'ils provenaient du point O'; la surface S est donc aussi aplanétique pour des rayons incidents de nature N, parallèles à la direction $-$ D, le foyer étant virtuel et se trouvant en O', et les rayons réfléchis étant de nature N'.

Il résulte de là que les surfaces aplanétiques par réflexion, les rayons incidents étant de nature N et parallèles à la direction $+$ D ou à la direction $-$ D, le foyer étant réel et se trouvant en O', et les rayons réfléchis étant de nature N', sont encore représentées par l'équation :

$$\varphi(x, y, z) \pm (\alpha x + \beta y + \gamma z) = \tau,$$

le foyer O' étant pris pour origine, et τ pouvant varier de $-\infty$ à $+\infty$. Mais, dans le cas actuel, l'équation de l'onde plane qui correspond aux rayons incidents parallèles à la direction $+$ D et qui est postérieure de T à celle passant par l'origine étant :

$$\alpha x + \beta y + \gamma z + T = o ;$$

on doit prendre dans l'équation des surfaces aplanétiques le signe $+$ ou le signe $-$ suivant que les rayons incidents sont parallèles à la direction $-$ D ou à la direction $+$ D.

On voit par là que chacune des surfaces représentées par l'équation (14) est aplanétique sur ses deux faces, savoir : sur sa face convexe pour des rayons incidents parallèles à une certaine direction et pour le point O′ considéré comme foyer virtuel, sur sa face concave pour des rayons incidents parallèles aux premiers, mais dirigés en sens contraire, et pour le point O′ considéré comme foyer réel. Suivant que l'une de ces surfaces est aplanétique sur sa face concave ou sur sa face convexe, le milieu dans lequel se propagent les rayons est situé à l'intérieur ou à l'extérieur de cette surface.

Dans le cas actuel, il est facile de vérifier que c'est la somme algébrique des temps U et U′, définis comme nous l'avons fait plus haut, qui doit être constante sur toute la surface aplanétique, quelle que soit la position, réelle ou virtuelle, de l'onde plane incidente.

G. — *Le point lumineux est réel et le foyer est à l'infini.*

Cela signifie que, les rayons incidents émanant d'un point lumineux réel O, les rayons réfléchis d'une certaine espèce sont parallèles entre eux.

Soit S (fig. 18) une surface aplanétique par réflexion, les rayons incidents étant de nature N et émanant du point lumineux réel O, les rayons réfléchis étant de nature N′ et parallèles à la direction + D. D'après la réciprocité qui existe entre les rayons incidents et les rayons réfléchis, il est évident que, si des rayons incidents de nature N′, parallèles à la direction — D, tombent sur cette surface, les rayons réfléchis de nature N iront concourir au foyer réel O. Nous nous trouvons ainsi ramenés au cas précédent, et nous voyons qu'en prenant pour origine le point lumineux O, et en représentant par :

$$\alpha x + \beta y + \gamma z + \mathrm{T} = 0,$$

l'équation de l'onde plane qui correspond aux rayons réfléchis parallèles à la direction + D et qui est postérieure de T à celle passant par l'origine, l'équation des surfaces aplanétiques par réflexion, les rayons incidents émanant du point lumineux réel O, et les rayons réfléchis étant parallèles à la direction + D ou à la direction — D, est :

$$\varphi(x, y, z) \pm (\alpha x + \beta y + \gamma z) = \tau,$$

τ pouvant varier de — ∞ à + ∞. On doit, dans ce cas, prendre le signe + ou le signe — dans l'équation, suivant que les rayons réfléchis sont parallèles à la direction + D ou à la direction — D, et donner à φ l'indice o ou e suivant que les rayons incidents sont ordinaires ou extraordinaires. On voit que, dans ce cas comme dans le précédent, la réflexion a toujours lieu sur la face concave de la surface aplanétique.

Si on représente par U le temps que met un rayon de nature N pour aller du point lumineux à un point de la surface aplanétique, temps que l'on comptera toujours positivement, par U′ le temps que met un rayon de nature N′ pour aller d'une certaine onde plane réfléchie au même point de la surface aplanétique en se propageant parallèlement à la direction D, temps compté positivement ou négativement suivant que, pour aller de cette onde plane à la surface aplanétique le rayon doit se mouvoir dans le même sens que les rayons réfléchis ou en sens contraire, on vérifie facilement que, dans le cas actuel, la différence algébrique des temps U′ et U est constante sur une même surface aplanétique, quelle que soit la position, réelle ou virtuelle, de l'onde plane réfléchie.

H. — *Le point lumineux est virtuel et le foyer est à l'infini.*

Cela signifie que, les rayons incidents étant dirigés de façon à concourir en un point lumineux virtuel O, les rayons réfléchis d'une certaine espèce sont parallèles entre eux.

Soit S (fig. 19) une surface aplanétique par réflexion, les rayons incidents étant de nature N et émanant du point lumineux virtuel O, les rayons réfléchis étant de nature N′ et parallèles à la direction + D. D'après la réciprocité qui existe entre les rayons incidents et les rayons réfléchis, il est évident que, si des rayons incidents de nature N′, parallèles à la direction — D, tombent sur la surface S, les rayons réfléchis de nature N seront dirigés comme s'ils provenaient du point O. Nous sommes ainsi ramenés au cas E; en prenant le point O pour origine, et représentant par :

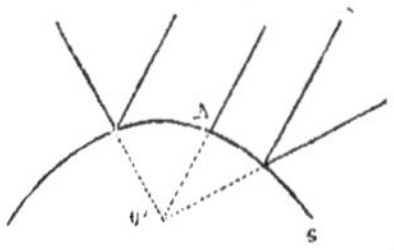

$$\alpha x + \beta y + \gamma z + \mathrm{T} = 0,$$

l'équation de l'onde plane qui correspond aux rayons réfléchis parallèles à la direction + D et qui est postérieure de T à celle passant par l'origine, l'équation des surfaces aplanétiques par réflexion, les rayons incidents émanant du point lumineux virtuel O, et les rayons réfléchis étant parallèles à la direction + D ou à la direction — D, est :

$$\varphi\,(x, y, z) \pm (\alpha x + \beta y + \gamma z) = \tau,$$

τ pouvant varier de — ∞ à + ∞. On doit, dans ce cas, prendre le signe + ou le signe — suivant que les rayons réfléchis sont parallèles à la direction — D ou à la direction + D.

Dans ce cas, comme dans le cas E, la réflexion a toujours lieu sur la face convexe de la surface aplanétique, et, sur chaque surface aplanétique, la somme algébrique des temps U et U' est constante, quelle que soit la position, réelle ou virtuelle, de l'onde plane réfléchie.

Nous pouvons résumer comme il suit la discussion des quatre cas qui se présentent lorsqu'un seul des points O et O' est à l'infini :

Étant donnés un point O et une direction D, toutes les surfaces aplanétiques par réflexion pour des rayons incidents parallèles à la direction + D ou à la direction — D, et pour le point O considéré comme foyer réel ou virtuel, ou pour le point O considéré comme point lumineux réel ou virtuel et pour des rayons réfléchis parallèles à la direction + D ou à la direction — D sont représentées (le point O étant pris pour origine et $\alpha x + \beta y + \gamma z + T = 0$ étant l'équation de l'onde plane qui correspond aux rayons incidents ou réfléchis parallèles à la direction + D et qui est postérieure de T à celle passant par l'origine) par l'équation :

$$\varphi(x, y, z) \pm (\alpha x + \beta y + \gamma z) = \tau.$$

Dans cette équation, τ peut varier de — ∞ à + ∞ , et φ doit recevoir l'indice o ou e, suivant la nature des rayons incidents si O est un point lumineux, suivant la nature des rayons réfléchis si O est un foyer. Lorsque le point O est un foyer virtuel ou un point lumineux réel, on doit prendre le signe + ou le signe — suivant que les rayons incidents dans le premier cas, les rayons réfléchis dans le second sont parallèles à la direction + D ou à la direction — D. Lorsque O est un foyer réel ou un point lumineux virtuel, on doit prendre le signe + ou le signe — suivant que les rayons incidents dans le premier cas, les rayons réfléchis dans le second sont parallèles à la direction — D ou à la direction + D.

Les surfaces aplanétiques représentées par cette équation se divisent en deux groupes : les surfaces d'un même groupe tournent leur convexité dans le même sens, et en sens contraire de celles de l'autre groupe. Chacune de ces surfaces est du reste aplanétique sur ses deux faces.

Chaque surface du premier groupe, c'est-à-dire chaque surface aplanétique obtenue en prenant dans l'équation le signe +, est aplanétique sur sa face convexe : 1° pour des rayons incidents de nature N, parallèles à la direction + D, et pour des rayons réfléchis de nature N' concourant au foyer virtuel O; 2° pour des rayons incidents de nature N', émanés du point lumineux virtuel O, et pour des rayons réfléchis de nature N, parallèles à la direction — D; sur sa face concave : 1° pour des rayons incidents de nature N, parallèles à la direction — D, et pour des rayons réfléchis de nature N' concourant au foyer réel O; 2° pour des rayons incidents de nature N', émanés du point lumineux réel O, et pour des rayons réfléchis de nature N, parallèles à la direction + D.

Chaque surface du second groupe, c'est-à-dire chaque surface aplanétique obtenue en prenant dans l'équation le signe —, est aplanétique sur sa face convexe : 1° pour des rayons incidents de nature N, parallèles à la direction — D, et pour des rayons réfléchis de nature N′ concourant au foyer virtuel O ; 2° pour des rayons incidents de nature N′, émanés du point lumineux virtuel O, et pour des rayons réfléchis de nature N, parallèles à la direction + D ; sur sa face concave : 1° pour des rayons incidents de nature N, parallèles à la direction + D, et pour des rayons réfléchis de nature N′ concourant au foyer réel O ; 2° pour des rayons incidents de nature N′, émanés du point lumineux réel O, et pour des rayons réfléchis de nature N, parallèles à la direction — D.

Lorsqu'un seul des deux points O et O′ est à l'infini, toutes les surfaces aplanétiques par réflexion dans les milieux isotropes, les surfaces aplanétiques pour les rayons réfléchis (*o*, *o*) dans les milieux uniaxes, sont évidemment les paraboloïdes de révolution engendrées par la rotation autour de leur axe des paraboles qui ont pour foyer le point O ou le point O′ et dont l'axe est parallèle à la direction commune des rayons incidents ou des rayons réfléchis ; c'est ce qu'on peut voir directement ou déduire, comme cas particulier, des résultats généraux auxquels nous sommes parvenus.

I. — *Le point lumineux et le foyer sont tous deux à l'infini.*

Cela signifie que, les rayons incidents étant parallèles entre eux, les rayons réfléchis sont également parallèles entre eux. Dans ce cas, on sait que la surface réfléchissante est plane (théorème XVIII).

Étant données la nature N et la direction + D des rayons incidents, la nature N′ et la direction + D′ des rayons réfléchis, il est facile de trouver, par une construction géométrique, la direction que doit avoir une surface plane pour être aplanétique par réflexion. A cet effet, d'un point quelconque M comme centre, on décrit une surface d'onde caractéristique du milieu correspondant à un temps quelconque ; on mène deux rayons vecteurs, l'un parallèle à la direction + D, l'autre parallèle à la direction + D′ ; par le point où le premier de ces rayons vecteurs rencontre la nappe de nature N de la surface, et par le point où le second rencontre la nappe de nature N′, on mène des plans tangents à ces nappes ; par l'intersection de ces deux plans et par le point M, on fait passer un plan P, ou, si les deux plans tangents sont parallèles, on mène par le point M un plan P parallèle à ces plans tangents.

Si les rayons incidents et les rayons réfléchis sont de même nature, les deux plans dont nous venons de parler étant tangents à la même nappe, le plan P se trouve toujours dans l'angle formé par les deux rayons vecteurs menés par le point M parallèlement à la direction + D et à la direction + D′ ; le problème est alors possible, quelles que soient les directions + D et + D′, et tout plan parallèle au plan P satisfait à la question. Mais, si les rayons incidents et les rayons réfléchis sont de nature différente, ou en d'autres termes, s'il y a réflexion antilogue, les deux plans étant tangents à des nappes différentes de la surface d'onde caractéristique, quand l'angle formé par les directions + D et + D′ est voisin de zéro, le plan P se trouve en dehors de l'angle formé par les deux rayons vecteurs menés par le point M parallèlement aux directions + D et + D′, et le problème est impossible. Pour le rendre possible, il suffit de changer le sens de la direction des rayons incidents, sans changer celui de la direction des rayons réfléchis, ou réciproquement, c'est-à-dire que, le problème étant impossible lorsque les rayons incidents et les rayons réfléchis sont respectivement parallèles aux directions + D et + D′, deviendra possible lorsque ces rayons seront parallèles aux directions — D et + D′, ou aux directions + D et — D′, mais sera encore impossible quand ils seront parallèles aux directions — D et — D′.

Ceci posé, cherchons l'équation du plan P; à cet effet, prenons pour origine le point M; les deux plans tangents mentionnés dans la construction de ce plan P ne sont autres que les ondes planes qui correspondent respectivement aux rayons incidents et aux rayons réfléchis et qui sont postérieures de T à celles passant par l'origine. Soient:

$$\alpha x + \beta y + \gamma z + T = 0, \quad \text{et} \quad \alpha' x + \beta' y + \gamma' z + T = 0,$$

les équations de ces ondes; l'équation du plan cherché P peut toujours être mise sous la forme:

$$\lambda x + \mu y + \nu z + T = 0.$$

L'intersection de ce plan P avec l'onde plane incidente postérieure de T à celle qui passe par l'origine se projette sur le plan des yz suivant une droite représentée par l'équation :

$$(\lambda\beta - \mu\alpha)y + (\lambda\gamma - \nu\alpha)z + \lambda T = 0;$$

l'intersection du même plan P avec l'onde plane réfléchie postérieure de T à celle qui passe par l'origine se projette sur le plan des yz suivant une droite représentée par l'équation :

$$(\lambda\beta' - \mu\alpha')y + (\lambda\gamma' - \nu\alpha')z + \lambda T = 0.$$

Le plan P devant couper ces deux ondes suivant la même droite, on aura :

$$\lambda\beta - \mu\alpha = \lambda\beta' - \mu\alpha', \quad \lambda\gamma - \nu\alpha = \lambda\gamma' - \nu\alpha',$$

d'où :

$$\frac{\lambda}{\nu}\beta - \frac{\mu}{\nu}\alpha = \frac{\lambda}{\nu}\beta' - \frac{\mu}{\nu}\alpha', \quad \frac{\lambda}{\nu}\gamma - \alpha = \frac{\lambda}{\nu}\gamma' - \alpha',$$

d'où enfin :

$$\frac{\lambda}{\nu} = \frac{\alpha - \alpha'}{\gamma - \gamma'}, \quad \frac{\mu}{\nu} = \frac{\beta - \beta'}{\gamma - \gamma'}.$$

L'équation du plan P est donc :

$$(\alpha - \alpha')x + (\beta - \beta')y + (\gamma - \gamma')z = 0,$$

et l'équation générale des surfaces planes aplanétiques par réflexion, les rayons incidents étant parallèles à la direction $+$ D et les rayons réfléchis à la direction $+$ D', est :

$$(\alpha - \alpha')x + (\beta - \beta')y + (\gamma - \gamma')z = C, \qquad (19)$$

C pouvant varier de $- \infty$ à $+ \infty$.

Si les rayons incidents doivent être parallèles à la direction $+$ D et les rayons réfléchis à la direction $-$ D', l'onde plane correspondant aux rayons réfléchis aura pour équation :

$$\alpha'x + \beta'y + \gamma'z - T = 0,$$

le signe des quantités α', β', γ' sera changé dans l'équation des surfaces aplanétiques, qui deviendra :

$$(\alpha + \alpha')x + (\beta + \beta')y + (\gamma + \gamma')z = C.$$

On voit de même que, si les les rayons incidents doivent être parallèles à la direction $-$ D et les rayons réfléchis à la direction $+$ D', le signe des quantités α, β, γ sera changé dans l'équation des surfaces aplanétiques, qui deviendra :

$$-(\alpha + \alpha')x - (\beta + \beta')y - (\gamma + \gamma')z = C.$$

Enfin, si les rayons incidents doivent être parallèles à la direction $-$ D et les rayons réfléchis à la direction $-$ D', le signe des quantités α, β, γ et celui des quantités α', β', γ' seront changés simultanément, et l'équation des surfaces aplanétiques deviendra

$$-(\alpha - \alpha')x - (\beta - \beta')y - (\gamma - \gamma')z = C.$$

En résumé :

Les rayons incidents étant parallèles à la direction $+$ D ou à la direction $-$ D et les rayons réfléchis à la direction $+$ D' ou à la direction $-$ D', l'équation de l'onde plane qui correspond aux rayons incidents parallèles à la direction $+$ D et qui est postérieure de T à celle passant par l'origine étant :

$$\alpha x + \beta y + \gamma z + T = 0,$$

et celle de l'onde plane qui correspond aux rayons réfléchis parallèles à la direction $+$ D' et qui est postérieure de T à celle passant par l'origine :

$$\alpha'x + \beta'y + \gamma'z + T = 0,$$

l'équation générale des surfaces aplanétiques représente deux systèmes de plans parallèles. Cette équation est :

$$(\alpha \pm \alpha')x + (\beta \pm \beta')y + (\gamma \pm \gamma')z = C, \qquad (20)$$

*C pouvant varier de — ∞ à + ∞ . On doit prendre dans cette équation le signe —
lorsque les rayons incidents et les rayons réfléchis sont respectivement parallèles aux directions + D et + D′ ou aux directions — D et — D′, le signe + lorsque ces rayons
sont respectivement parallèles aux directions + D et — D′ ou aux directions — D
et + D′.*

Lorsque le milieu est biréfringent, et qu'on donne la direction des rayons incidents et celle des rayons réfléchis sans indiquer la nature que doivent avoir ces
rayons, il existe quatre groupes de surfaces aplanétiques planes.

Représentons par :

$$\alpha_{o} x + \beta_{o} y + \gamma_{o} z + T = 0$$

l'équation de l'onde plane, postérieure de T à celle qui passe par l'origine et
correspondant à des rayons incidents ordinaires parallèles à la direction + D,
par :

$$\alpha_{e} x + \beta_{e} y + \gamma_{e} z + T = 0$$

l'équation de l'onde plane, postérieure de T à celle qui passe par l'origine et
correspondant à des rayons incidents extraordinaires parallèles à la direction
+ D, enfin par :

$$\alpha'_{o} x + \beta'_{o} y + \gamma'_{o} z + T = 0, \quad \text{et} \quad \alpha'_{e} x + \beta'_{e} y + \gamma'_{e} z + T = 0$$

les équations des ondes planes, postérieures de T à celles qui passent par l'origine et correspondant à des rayons réfléchis ordinaires et extraordinaires parallèles à la direction + D′; les équations des surfaces aplanétiques planes, les
rayons incidents étant parallèles à la direction + D ou à la direction — D et les
rayons réfléchis à la direction + D′ ou à la direction — D′, seront :

pour les rayons réfléchis (*o, o*) :

$$(\alpha_{o} \pm \alpha'_{o}) x + (\beta_{o} \pm \beta'_{o}) y_{o} + (\gamma_{o} \pm \gamma'_{o}) z = C, \tag{21}$$

pour les rayons réfléchis (*e, e*) :

$$(\alpha_{e} \pm \alpha'_{e}) x + (\beta_{e} \pm \beta'_{e}) y + (\gamma_{e} \pm \gamma'_{e}) z = C, \tag{22}$$

pour les rayons réfléchis (*o, e*) :

$$(\alpha_{o} \pm \alpha'_{e}) x + (\beta_{o} \pm \beta'_{e}) y + (\gamma_{o} \pm \gamma'_{e}) z = C, \tag{23}$$

pour les rayons réfléchis (*e, o*) :

$$(\alpha_{e} \pm \alpha'_{o}) x + (\beta_{e} \pm \beta'_{o}) y + (\gamma_{e} \pm \gamma'_{o}) z = C. \tag{24}$$

Dans chacune de ces équations, C peut varier de — ∞ à + ∞, et l'on doit
prendre le signe + ou le signe — comme il a été dit pour l'équation (20).

Les systèmes de plans parallèles représentés par les équations (21) et (22) satisfont toujours à la question, quel que soit le signe que l'on prenne.

Mais, des deux systèmes de plans parallèles représentés par les équations (23) et (24), il peut arriver, lorsque l'angle formé par la direction des rayons incidents avec celle des rayons réfléchis est voisin de zéro, qu'il y en ait un, mais un seul, qui ne réponde pas à la question. Le problème est alors impossible lorsqu'on prend un certain signe dans les équations (23) ou (24); mais il deviendra toujours possible lorsqu'on prendra le signe contraire, ce qui revient à changer le sens des rayons incidents sans changer celui des rayons réfléchis ou réciproquement.

On voit encore que chacune des surfaces aplanétiques planes représentées par l'équation générale (20) est aplanétique sur l'une ou sur l'autre de ses faces suivant que le milieu dans lequel se propagent les rayons se trouve d'un côté de la surface ou du côté opposé.

Enfin, soit S un plan aplanétique par réflexion pour des rayons incidents de nature N, parallèles à la direction $+ \mathrm{D}$, et pour des rayons réfléchis de nature N′, parallèles à la direction $+ \mathrm{D}'$; considérons l'onde plane correspondant aux rayons incidents dans une quelconque de ses positions réelles ou virtuelles P, et l'onde plane correspondant aux rayons réfléchis dans une quelconque de ses positions réelles ou virtuelles P′; désignons par U le temps employé par un rayon de nature N pour aller de l'onde plane P à un certain point du plan aplanétique S en se propageant parallèlement à la direction D, ce temps étant compté positivement ou négativement suivant que ce rayon, pour aller de l'onde plane P au plan aplanétique, doit se mouvoir dans le même sens que les rayons incidents ou en sens contraire, par U′ le temps employé par un rayon de nature N′ pour se propager de l'onde plane P′ au même point du plan aplanétique parallèlement à la direction D′, ce temps étant compté positivement ou négativement suivant que, pour aller de l'onde plane P′ au plan aplanétique, ce rayon doit se mouvoir en sens contraire des rayons réfléchis ou dans le même sens : on vérifiera aisément que, sur toute l'étendue du plan aplanétique S, la somme algébrique $\mathrm{U} + \mathrm{U}'$ reste constante.

SECTION II. — DES SURFACES APLANÉTIQUES PAR RÉFRACTION.

Dans la recherche des surfaces aplanétiques par réfraction nous suivrons la même méthode que dans celle des surfaces aplanétiques par réflexion, en nous dispensant d'insister sur les points déjà développés à propos de la réflexion.

Supposons d'abord qu'aucun des points O et O′ ne soit à l'infini; nous avons alors quatre cas distincts à examiner.

A. — *Le point lumineux et le foyer sont tous deux réels.*

Fig. 20.

Cela signifie que, les rayons incidents émanant d'un point lumineux réel O (fig. 20) situé dans le premier milieu, les rayons réfractés d'une certaine espèce vont concourir en un foyer réel O′ situé dans le second milieu.

On sait (théorème XIV) que, dans ce cas, tous les rayons réfractés qui aboutissent en O′ mettent des temps égaux pour aller de O en O′; on en conclura, en raisonnant identiquement comme dans le cas B de la réflexion, que :

Pour qu'une surface soit aplanétique par réfraction pour des positions données du point lumineux et du foyer, ces deux points étant réels, les rayons incidents étant de nature N et les rayons réfractés de nature N′, il faut et il suffit que la somme des temps employés par la lumière pour aller du point lumineux et du foyer à un même point de cette surface soit constante sur toute la surface, le premier de ces temps étant évalué en supposant qu'un rayon de nature N se propage dans le premier milieu du point lumineux au point considéré sur la surface réfringente, et le second en supposant qu'un rayon de nature N′ se propage dans le second milieu du foyer au même point de la surface réfringente.

Chacune des surfaces aplanétiques par réfraction dans le cas actuel peut donc être considérée comme le lieu des intersections des nappes de nature N des surfaces d'onde caractéristiques du premier milieu, décrites du point O comme centre et correspondant au temps T, avec les nappes de nature N′ des surfaces d'onde caractéristiques du second milieu, décrites du point O′ comme centre et correspondant au temps C — T, T étant une quantité variable et C une quantité constante.

L'équation générale des surfaces aplanétiques par réfraction pour les positions réelles O et O′ du point lumineux et du foyer, les rayons incidents étant de nature N et les rayons réfractés de nature N′, est, d'après ce que nous venons de dire :

$$\varphi_2(x-a',\ y-b',\ z-c') + \varphi_1(x-a,\ y-b,\ z-c) = C. \tag{1}$$

Dans cette équation, le signe φ_2 doit recevoir l'indice o ou e suivant la nature des rayons réfractés, le signe φ_1 suivant la nature des rayons incidents.

Il est entendu d'ailleurs que, si ces fonctions se présentent sous forme de radicaux, ces radicaux devront toujours être pris avec le signe +.

La constante C représente la somme des temps employés par la lumière pour aller du point lumineux et du foyer à un même point de la surface aplanétique.

Cette surface devant toujours, dans le cas dont nous nous occupons, couper la droite OO' en un certain point A situé entre O et O', il est évident que la constante C ne peut varier qu'en certaines limites, qu'il est toujours facile de déterminer. En effet, la constante C est égale à la somme des temps que mettent un rayon de nature N pour aller de O en A dans le premier milieu et un rayon de nature N' pour aller de O' en A dans le second milieu. Soit t le temps employé par un rayon de nature N pour aller de O en O' dans le premier milieu, t' le temps employé par un rayon de nature N' pour aller de O en O' dans le second milieu. Si l'on a $t < t'$, c'est-à-dire si la vitesse de nature N de la lumière dans le premier milieu suivant la direction OO' est plus petite que la vitesse de nature N' de la lumière dans le second milieu suivant la même direction, C aura sa valeur *maximum* lorsque la distance OO' sera parcourue tout entière dans le second milieu, c'est-à-dire quand le point A coïncidera avec le point O, et sera alors égal à $+ t'$; C aura, au contraire, sa valeur *minimum* lorsque la distance OO' sera parcourue tout entière dans le premier milieu, c'est-à-dire quand le point A coïncidera avec le point O', et sera alors égal à $+ t$. Donc, lorsqu'on a $t < t'$, C peut varier de $+ t$ à $+ t'$; on voit de même que, si l'on a $t > t'$, C peut varier de $+ t'$ à $+ t$.

C devant toujours avoir une valeur finie, il faut que les fonctions φ_1 et φ_2 conservent également des valeurs finies ; comme d'ailleurs ces fonctions deviendraient infinies pour des valeurs infinies des coordonnées (x, y, z), il en résulte que les surfaces ou les portions de surfaces représentées par l'équation (1) sont toujours limitées, ce qui était facile à prévoir, puisque, sur chacune de ces surfaces, la somme des temps employés par la lumière pour aller du point lumineux et du foyer à un même point de la surface doit être constante et finie.

Mais il faut remarquer que, si pour chasser les radicaux de l'équation (1) on élève au carré, on introduit par là des solutions étrangères à la question, de sorte que l'équation à laquelle on parvient ainsi représente une surface dont une partie seulement est aplanétique pour les positions données du point lumineux et du foyer ; cette portion de surface est évidemment limitée par un cône circonscrit à la surface et ayant pour sommet le point O ou le point O', suivant que la partie de la surface qui coupe la droite OO' entre O et O' tourne sa convexité vers le point O ou vers le point O'.

La forme de l'équation (1) montre que, par rapport à l'une quelconque des surfaces représentées par cette équation, les points O et O' sont des foyers conjugués, c'est-à-dire que, si une surface fait converger en un foyer réel O' les rayons réfractés de nature N', provenant de rayons incidents de nature N émanés du point lumineux réel O, cette même surface fera converger au foyer réel O les rayons réfractés de nature N, provenant de rayons incidents de nature N' émanés du point lumineux réel O' ; c'est ce qui était facile à prévoir d'après la réciprocité qui existe entre les rayons incidents et les rayons réfractés. On voit en outre que chacune des surfaces définies par l'équation (1) est aplanétique sur ses deux faces, les deux milieux conservant leurs positions respectives.

B. — Le point lumineux est réel et le foyer virtuel.

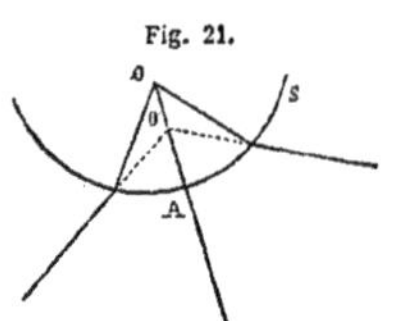

Cela signifie que, les rayons incidents émanant d'un point lumineux réel O (fig. 21) situé dans le premier milieu, les rayons réfractés d'une certaine espèce sont dirigés comme s'ils provenaient du foyer virtuel O′ également situé dans le premier milieu.

Ce cas se traite exactement comme le cas A de la réflexion, et on arrive à la conclusion suivante :

Pour qu'une surface soit aplanétique par réfraction pour des positions données du point lumineux et du foyer, le point lumineux étant réel et le foyer virtuel, les rayons incidents étant de nature N et les rayons réfractés de nature N′, il faut et il suffit que la différence des temps employés par la lumière pour aller du foyer et du point lumineux à un même point de cette surface soit constante sur toute la surface, le premier de ces temps étant évalué en supposant qu'un rayon de nature N′ se propage dans le second milieu, prolongé au-delà de la surface réfringente, du foyer au point considéré sur la surface, le second en supposant qu'un rayon de nature N se propage dans le premier milieu du point lumineux au même point de la surface réfringente.

D'après cela, l'équation générale des surfaces aplanétiques par réfraction pour des positions données du point lumineux et du foyer, le premier étant réel et le second virtuel, est:

$$\varphi_2(x-a',\ y-b',\ z-c') - \varphi_1(x-a,\ y-b,\ z-c) = \mathrm{C}, \tag{2}$$

φ_2 devant recevoir l'indice o ou e suivant la nature des rayons réfractés, φ_1 suivant la nature des rayons incidents. La constante C représente, pour chaque surface, la différence des temps employés par la lumière pour aller du foyer et du point lumineux à un même point de cette surface, ces temps étant évalués comme il a été dit plus haut.

Cherchons si, dans le cas actuel, les surfaces aplanétiques par réfraction peuvent être illimitées. Soit M un point situé sur une de ces surfaces à une distance infiniment grande des points O et O′; ces deux derniers points étant à une distance finie l'un de l'autre, l'angle OMO′ est infiniment petit. Si la vitesse de nature N de la lumière dans le premier milieu suivant la direction commune vers laquelle tendent les droites OM et O′M lorsque le point M s'éloigne indéfiniment, et la vitesse de nature N′ de la lumière dans le second milieu suivant la même direction ne sont pas égales, la différence entre les temps employés par la lumière pour aller du point lumineux et du foyer au point M deviendra infiniment grande, lorsque ce point M s'éloignera indéfiniment. Donc, lorsqu'une surface est aplanétique par réfraction, le point lumineux étant réel et le foyer virtuel, si la différence constante des temps employés par la lumière pour aller du foyer et du point lumineux à un même point de cette surface est finie, il ne peut y avoir sur cette surface aucun point M situé à une distance infiniment grande des points O et O′, à moins cependant que, suivant la limite commune vers laquelle tendent les directions OM et O′M lorsque le point M s'éloigne indéfiniment, la vitesse de nature N de la lumière dans le premier milieu et la vitesse de nature N′ de la lumière dans le second milieu ne soient égales.

Il résulte de ce qui précède que, dans le cas actuel, les surfaces aplanétiques par réfraction peuvent, ou bien être des surfaces fermées limitant de toutes parts le premier milieu et renfermant les points O et O′ dans leur intérieur, ou bien se composer de deux nappes infinies, qui coupent la droite OO′ en dehors de l'intervalle OO′, et qui ne sont, en général du moins, aplanétiques que dans une portion finie de leur étendue.

Ceci posé, nous allons nous occuper de chercher les limites entre lesquelles peut varier la constante C. Appelons encore t le temps qu'emploie un rayon de nature N pour aller de O en O′ dans le premier milieu, t' le temps qu'emploie un rayon de nature N′ pour aller de O en O′ dans le second milieu. Considérons d'abord le cas où la surface aplanétique se compose de deux nappes distinctes, et, pour fixer les idées, appelons S la nappe qui se trouve du côté du point lumineux, S′ la nappe qui se trouve du côté du foyer, A et A′ les points où les nappes S et S′ coupent la droite OO′.

Supposons que l'on ait $t < t'$; si on désigne par v la vitesse de nature N de la lumière dans le premier milieu suivant la droite OO′, par v' la vitesse de nature N′ de la lumière dans le second milieu suivant la même droite, on aura alors $v > v'$. C est la différence constante des temps employés par la lumière pour aller du foyer et du point lumineux à un même point de la surface aplanétique, par exemple au point A ou au point A′. Pour la nappe S, on a donc :

$$C = t' + \frac{OA}{v'} - \frac{OA}{v} = t' + \frac{OA\,(v-v')}{vv'} ;$$

$v - v'$ étant une quantité positive, C peut varier pour cette nappe de $+ t'$ à $+ \infty$; pour la nappe S′ on a :

$$C = \frac{O'A'}{v'} - t - \frac{O'A'}{v} = \frac{O'A'\,(v-v')}{vv'} - t ;$$

$v - v'$ étant positif, et le point A′ devant se trouver en dehors de l'intervalle OO′, C pour cette nappe peut varier de $- t$ à $+ \infty$. Ainsi quand on a $t < t'$, c'est-à-dire $v > v'$, C peut varier pour la nappe S de $+ t'$ à $+ \infty$, pour la nappe S′ de $- t$ à $+ \infty$. Si, au contraire, on a $t > t'$, et par conséquent $v < v'$, on aura pour la nappe S:

$$C = t' - \frac{\mathrm{OA}\,(v' - v)}{vv'},$$

pour la nappe S′:

$$C = - t - \frac{\mathrm{O'A'}\,(v' - v)}{vv'},$$

$v' - v$ étant toujours positif dans ce cas, C peut varier pour la nappe S de $+ t'$ à $- \infty$, pour la nappe S′ de $- t$ à $- \infty$.

Si la surface aplanétique est fermée, pour qu'elle puisse être aplanétique dans toute son étendue, il faut que les points A et A′ où elle rencontre la droite OO′ se trouvent en dehors de l'intervalle OO′; d'où il résulte que, dans ce cas, C peut varier entre $+ t'$ et $+ \infty$ si on a $t < t'$, entre $- t$ et $- \infty$ si on a $t > t'$.

On voit que, si une surface fermée est aplanétique par réfraction dans toute son étendue, le point lumineux étant réel et le foyer virtuel, la constante C ne peut jamais être nulle. C peut devenir nul, dans le cas actuel, pour une surface aplanétique limitée, mais non fermée, qui ne rencontre la droite OO′ qu'en un seul point; l'équation de cette surface aplanétique particulière est :

$$\varphi_2 (x - a',\ y - b',\ z - c') - \varphi_1 (x - a,\ y - b,\ z - c) = o;$$

elle rencontre la droite OO′ en un point A′, situé du côté du foyer si on a $t < t'$, en un point A situé du côté du point lumineux si on a $t > t'$. Lorsque la réfraction a lieu sur cette surface aplanétique particulière pour laquelle C est nul, non-seulement les rayons réfractés sont dirigés comme s'ils provenaient du point O′, mais encore ils atteignent un point quelconque situé dans le second milieu au bout du même temps que s'ils émanaient réellement du point O′; le foyer virtuel peut donc, quand la constante C est nulle, c'est-à-dire quand la lumière met des temps égaux pour aller du point lumineux et du foyer à un même point de la surface aplanétique, remplacer le point lumineux O, non-seulement quand il s'agit de trouver les directions des rayons réfractés, mais encore quand on se propose de calculer les phases du mouvement vibratoire en un point quelconque d'un de ces rayons; il faudra, pour cela, bien entendu, supposer le second milieu prolongé au-delà de la surface réfringente de façon à comprendre le point O′.

Par rapport à chacune des surfaces représentées par l'équation (2), les points O et O′ sont encore des foyers conjugués, en ce sens que, si une surface fait converger au foyer virtuel O′ les rayons réfractés de nature N′, provenant de rayons incidents de nature N émanés du point lumineux réel O, cette même surface, les deux milieux conservant leurs positions respectives, fera converger au foyer réel O les rayons réfractés de nature N, provenant de rayons incidents de nature N' émanés du point lumineux virtuel O'. Chacune des surfaces représentées par l'équation (2) est donc aplanétique sur ses deux faces, les milieux conservant leurs positions respectives; mais, suivant que la surface est aplanétique sur l'une ou l'autre de ses faces, le point O est un point lumineux réel ou un foyer réel, le point O' un foyer virtuel ou un point lumineux virtuel.

Dans le cas dont nous nous occupons, les deux points O et O' étant situés dans le même milieu peuvent se confondre; les rayons réfractés sont alors dirigés suivant les prolongements des rayons incidents. L'équation des surfaces aplanétiques par réfraction, lorsque le point lumineux et le foyer se confondent et sont situés dans le premier milieu, prend la forme :

$$\varphi_2(x-a,\ y-b,\ z-c) - \varphi_1(x-a,\ y-b,\ z-c) = C. \tag{3}$$

Dans cette équation, φ_1 doit recevoir l'indice o ou e suivant la nature des rayons incidents, φ_2 suivant la nature des rayons réfractés, et la constante C, d'après ce que nous avons dit plus haut, peut varier de zéro à $+\infty$. Toutes les surfaces aplanétiques représentées par l'équation (3) ont pour centre le point O; car, si on imagine une droite quelconque passant par le point O, il est évident que sur cette droite tout doit être symétrique de part et d'autre du point O. Considérons le plan tangent mené à l'une de ces surfaces aplanétiques en un certain point A : ce plan doit avoir une direction telle que le rayon réfracté de nature N', correspondant au rayon incident de nature N qui se propage suivant OA, se trouve former le prolongement de OA. La direction de ce plan tangent est donc déterminée lorsqu'on connaît celle du rayon vecteur qui passe par le point de contact. Donc, aux points où un même rayon vecteur rencontre les surfaces aplanétiques comprises dans l'équation (3), les plans tangents à ces surfaces sont tous parallèles entre eux, et, par conséquent, toutes ces surfaces sont semblables et semblablement placées par rapport au point O.

Les surfaces aplanétiques dont nous venons de parler sont importantes à considérer; en effet, si l'on connaît l'une quelconque d'entre elles, que nous appellerons Σ, on peut trouver la direction que doit avoir le plan tangent en un certain point d'une surface réfringente pour qu'en ce point le rayon réfracté de nature N, provenant d'un rayon incident de nature N et de direction donnée, forme le prolongement de ce rayon incident; il suffit pour cela de mener par le centre de la surface Σ un rayon vecteur parallèle à la direction donnée pour le rayon incident : le plan tangent à la surface Σ au point où elle est rencontrée par ce rayon vecteur a la direction cherchée.

Si les deux milieux sont isotropes, et si le point lumineux, étant réel, se confond avec le foyer, l'équation des surfaces aplanétiques par réfraction devient, en désignant par v et v' les vitesses de la lumière dans le premier et dans le second milieu :

$$\frac{\sqrt{(x-a)^2+(y-b)^2+(z-c)^2}}{v}-\frac{\sqrt{(x-a)^2+(y-b)^2+(z-c)^2}}{v'}=C,$$

d'où :

$$(x-a)^2+(y-b)^2+(z-c)^2=\frac{C^2\,v^2\,v'^2}{(v'-v)^2}.$$

Cette équation représente les sphères qui ont pour centre le point O ; c'est ce qu'il était facile de trouver directement.

C. — Le point lumineux et le foyer sont tous deux virtuels.

Soit S (fig. 22) une surface aplanétique par réfraction pour les positions O et O' du point lumineux et du foyer, ces deux points étant virtuels, les rayons inci-

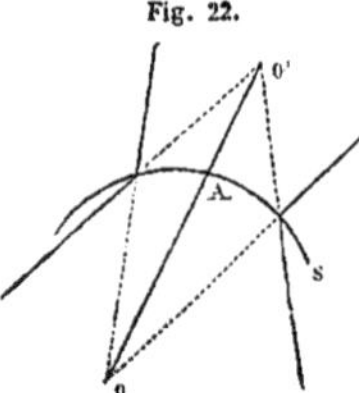

Fig. 22.

dents étant de nature N et les rayons réfractés de nature N'. Si on imagine que le premier milieu prenne la place du second, et réciproquement, on voit que les rayons incidents de nature N émanés du point O, qui sera alors un point lumineux réel, donneront naissance à des rayons réfractés de nature N' qui iront concourir au point O', devenu foyer réel. Nous nous trouvons ainsi ramenés au cas A ; les surfaces aplanétiques par réfraction pour les positions O et O' du point lumineux et du foyer, ces points étant tous deux virtuels, les rayons incidents étant de nature N et les rayons réfractés de nature N', sont les mêmes que les surfaces aplanétiques pour les positions O et O' du point lumineux et du foyer, ces deux points étant réels, les rayons incidents étant encore de nature N et les rayons réfractés de nature N'. L'équation générale des surfaces aplanétiques est donc dans le cas actuel :

$$\varphi_2(x-a',\ y-b',\ z-c')+\varphi_1(x-a,\ y-b,\ z-c)=C, \tag{1}$$

φ_2 devant recevoir l'indice o ou e suivant la nature des rayons réfractés, φ_1 suivant la nature des rayons incidents. Les limites entre lesquelles peut varier la constante C se détermineront comme il a été expliqué dans le cas A.

On voit que :

Pour qu'une surface soit aplanétique par réfraction pour des positions données du point lumineux et du foyer, ces deux points étant virtuels, il faut et il suffit que la somme des temps employés par la lumière pour aller du point lumineux et du foyer à un même point de cette surface soit constante sur toute la surface, le premier de ces temps étant évalué en supposant qu'un rayon de nature N *se propage du point lumineux au point considéré sur la surface réfringente dans le premier milieu prolongé au-delà de cette surface, le second en supposant qu'un rayon de nature* N' *se propage du foyer au même point de la surface réfringente dans le second milieu également prolongé au-delà de cette surface.*

Dans le cas actuel, les points O et O' sont encore des foyers conjugués par rapport à l'une quelconque des surfaces aplanétiques représentées par l'équation (1), c'est-à-dire que, si une surface fait converger au foyer virtuel O' les rayons réfractés de nature N', provenant de rayons incidents de nature N émanés du point lumineux virtuel O, cette même surface, les milieux conservant leurs positions respectives, fera converger au foyer virtuel O les rayons réfractés de nature N, provenant de rayons incidents de nature N' émanés du point lumineux virtuel O'. Chacune des surfaces comprises dans l'équation (1) est donc aplanétique sur ses deux faces, les milieux conservant leurs positions respectives, et cela que les points O et O' soient tous deux réels ou tous deux virtuels. On voit de plus que, si une surface est aplanétique par réfraction pour des positions du point lumineux et du foyer situées de part et d'autre de cette surface, c'est-à-dire toutes deux réelles ou toutes deux virtuelles, cette surface restera aplanétique pour les mêmes positions du point lumineux et du foyer, lorsqu'on intervertira la position des deux milieux qu'elle sépare; mais, par suite de cette inversion, le point lumineux et le foyer deviendront réels s'ils étaient virtuels, et réciproquement.

D. — *Le point lumineux est virtuel et le foyer est réel.*

Cela signifie que, les rayons incidents étant dirigés de façon à concourir au point lumineux virtuel O, les rayons réfractés d'une certaine espèce vont converger au foyer réel O'.

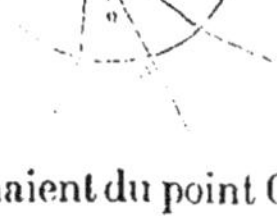

Soit S (fig. 23) une surface aplanétique par réfraction pour les positions O et O' du point lumineux et du foyer, le premier de ces points étant virtuel et le second réel, les rayons incidents étant de nature N et les rayons réfractés de nature N'. Si on imagine que le premier milieu prenne la place du second, et réciproquement, et que des rayons incidents émanés du point O, qui sera alors un point lumineux réel, et de nature N, aillent tomber sur la surface S, on voit que les rayons réfractés de nature N' seront dirigés comme s'ils provenaient du point O', qui deviendra alors un foyer virtuel. Nous nous trouvons ainsi ramenés au cas B, et nous voyons que les surfaces aplanétiques par réfraction pour les positions O et O' du point lumineux et du foyer, le premier de ces points étant virtuel et le second réel, les rayons incidents étant de nature N et les rayons réfractés de nature N′, ont pour équation. :

$$\varphi_2(x - a',\ y - b',\ z - c') - \varphi_1(x - a,\ y - b,\ z - c) = C, \qquad (2)$$

φ_2 devant recevoir l'indice o ou e suivant la nature des rayons réfractés, φ_1 suivant la nature des rayons incidents, et la constante C pouvant varier entre les limites qui ont été indiquées quand nous avons discuté le cas B. Donc :

Pour qu'une surface soit aplanétique par réfraction dans les conditions qui viennent d'être précisées, il faut et il suffit que la différence des temps employés par la lumière pour aller du foyer et du point lumineux à un même point de cette surface soit constante sur toute la surface, le premier de ces temps étant évalué en supposant qu'un rayon de nature N′ se propage dans le second milieu du foyer au point considéré sur la surface réfringente, le second en supposant qu'un rayon de nature N se propage du point lumineux au même point de la surface réfringente dans le premier milieu prolongé au-delà de cette surface.

Dans le cas dont nous nous occupons, les points O et O′ sont encore des foyers conjugués par rapport à l'une quelconque des surfaces aplanétiques représentées par l'équation (2), c'est-à-dire que, si une surface fait converger en un foyer réel O′ les rayons réfractés de nature N′, provenant de rayons incidents de nature N émanés du point lumineux virtuel O, cette même surface fera converger au foyer réel O les rayons réfractés de nature N, provenant de rayons incidents de nature N′ émanés du point lumineux virtuel O′, les milieux conservant leurs positions respectives. On voit donc que chacune des surfaces aplanétiques représentées par l'équation (2) est aplanétique sur ses deux faces pour les mêmes positions du point lumineux et du foyer, et reste aplanétique sur ses deux faces lorsqu'on intervertit la position des milieux; mais, par cette inversion, le point lumineux deviendra virtuel s'il était réel, et réciproquement; il en sera de même du foyer. Si, la surface étant aplanétique sur une de ses faces, le point O est un point lumineux et le point O′ un foyer, pour qu'elle soit aplanétique sur la face opposée, il faut que le point O soit un foyer, et le point O′ un point lumineux.

Nous pouvons résumer de la manière suivante la discussion des quatre cas que nous venons d'examiner :

Pour qu'une surface soit aplanétique par réfraction, étant données les positions du point lumineux et du foyer, aucun de ces deux points n'étant à l'infini, les rayons incidents étant de nature N et les rayons réfractés de nature N′, il faut et il suffit que la somme ou la différence des temps employés par la lumière pour aller du point lumineux et du foyer à un même point de cette surface soit constante sur toute la surface, le premier de ces temps étant évalué en supposant qu'un rayon de nature N se propage dans le premier milieu du point lumineux au point considéré sur la surface réfringente, le second en supposant qu'un rayon de nature N' se propage dans le second milieu du foyer au même point de la surface réfringente, et chacun des deux milieux étant supposé, si cela est nécessaire, prolongé au-delà de cette surface.

Si c'est la somme de ces deux temps qui est constante sur la surface réfringente, le point lumineux et le foyer sont ou tous deux réels ou tous deux virtuels, c'est-à-dire se trouvent de part et d'autre de la surface réfringente; si c'est au contraire la différence des deux temps qui est constante, le point lumineux et le foyer sont l'un réel, l'autre virtuel, c'est-à-dire se trouvent du même côté de la surface réfringente.

L'équation générale des surfaces aplanétiques par réfraction pour des positions données du point lumineux et du foyer, dont aucune n'est à l'infini, est :

$$\varphi_2 (x - a', \ y - b', \ z - c') \pm \varphi_1 (x - a, \ y - b, \ z - c) = C. \qquad (4)$$

Dans cette équation, φ_2 doit recevoir l'indice o ou e suivant la nature des rayons réfractés, et φ_1 suivant la nature des rayons incidents; on doit prendre d'ailleurs le signe $+$ si le point lumineux et le foyer doivent être de part et d'autre de la surface réfringente, le signe $-$ si ces deux points doivent se trouver du même côté de cette surface.

Chacune des surfaces représentées par l'équation (4) est aplanétique sur ses deux faces, et reste aplanétique sur ses deux faces quand on intervertit la position des deux milieux qu'elle sépare.

Nous allons passer maintenant à l'examen des quatre cas qui peuvent se présenter lorsqu'un seul des deux points O et O' est à l'infini.

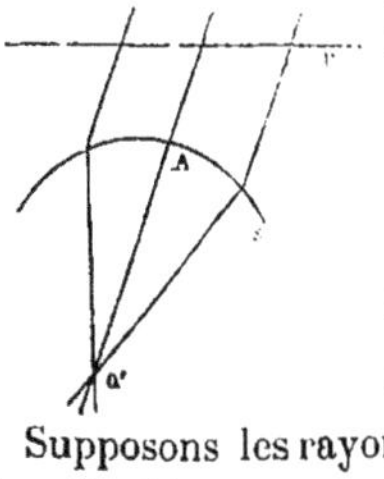

E. — *Le point lumineux est à l'infini et le foyer est réel.*

Cela signifie que, les rayons incidents étant parallèles, les rayons réfractés d'une certaine espèce vont converger au foyer réel O' (fig. 24).

Supposons les rayons incidents de nature N et parallèles à une certaine direction D, et les rayons réfractés de nature N'; considérons une onde plane quelconque P, réelle ou virtuelle, qui correspond aux rayons incidents ; désignons par U le temps que met un rayon de nature N pour aller de l'onde plane P à un certain point d'une surface réfringente en se propageant parallèlement à la direction D, ce temps étant compté positivement ou négativement suivant que ce rayon, pour aller de l'onde plane P à la surface réfringente, doit se mouvoir dans le même sens que les rayons incidents ou en sens contraire, par U′ le temps qu'emploie un rayon de nature N′ pour se propager du foyer au même point de la surface réfringente, temps qui sera toujours compté positivement. En suivant exactement la même marche que dans le cas correspondant de la réflexion, on démontrera que :

Pour qu'une surface soit aplanétique par réfraction, les rayons incidents étant de nature N et parallèles entre eux, les rayons réfractés étant de nature N′ et concourant au foyer réel O′, il faut et il suffit que la somme algébrique des temps U et U′ soit constante sur toute la surface, quelle que soit l'onde plane incidente prise pour point de départ.

Il est facile, en partant de là, de trouver l'équation des surfaces aplanétiques par réfraction dans les conditions qui viennent d'être posées.

Chacune de ces surfaces peut, en effet, être considérée comme le lieu des intersections des ondes planes postérieures ou antérieures de T à une certaine onde plane P, prise pour point de départ, avec le nappe de nature N′ d'une surface d'onde caractéristique du second milieu, décrite du foyer O′ comme centre et correspondant au temps C—T si l'onde plane incidente est postérieure de T à l'onde P, au temps C + T si cette onde est antérieure de T à l'onde P.

Prenons, pour simplifier, le foyer comme origine ; l'équation de l'onde plane incidente postérieure de T à celle qui passe par l'origine peut toujours être mise sous la forme :

$$\alpha x + \beta y + \gamma z + \mathrm{T} = 0.$$

Choisissons comme point de départ une onde plane incidente P antérieure de θ à celle qui passe par l'origine ; l'équation de cette onde sera :

$$\alpha x + \beta y + \gamma z - \theta = 0 ;$$

l'onde plane incidente postérieure de T à l'onde P aura pour équation :

$$\alpha x + \beta y + \gamma z - \theta + \mathrm{T} = 0 ;$$

la nappe de nature N′ de la surface d'onde caractéristique du second milieu, décrite du point O′ comme centre et correspondant au temps C-T, sera représentée par l'équation :

$$\varphi_2(x, y, z) = \mathrm{C} - \mathrm{T}.$$

Pour obtenir l'équation des surfaces aplanétiques, il faut éliminer T entre ces deux dernières équations, ce qui donne :

$$\varphi_2(x, y, z) - (\alpha x + \beta y + \gamma z) = \mathrm{C} - \theta.$$

L'onde plane antérieure de T à l'onde P a pour équation :

$$\alpha x + \beta y + \gamma z - \theta - \mathrm{T} = 0 ;$$

on devra prendre son intersection avec la nappe de nature N′ d'une surface d'onde caractéristique du second milieu, décrite du point O′ comme centre et correspondant au temps C + T, nappe dont l'équation est :

$$\varphi_2(x, y, z) = C + T;$$

en éliminant T entre ces deux dernières équations on retombe sur l'équation :

$$\varphi_2(x, y, z) - (\alpha x + \beta y + \gamma z) = C - \theta.$$

C et θ étant deux constantes, on peut représenter leur différence par une constante unique τ, et l'équation des surfaces aplanétiques devient définitivement :

$$\varphi_2(x, y, z) - (\alpha x + \beta y + \gamma z) = \tau.$$

Dans cette équation, τ peut varier de zéro à $+\infty$.

Si on imagine que le sens des rayons incidents soit changé, c'est-à-dire que ces rayons soient parallèles à la direction — D au lieu d'être parallèles à la direction + D, la nature de ces rayons, celle des rayons réfléchis et la position du foyer réel O′ restant les mêmes, on voit que l'équation de l'onde plane incidente postérieure de T à celle qui passe par l'origine, sera :

$$\alpha x + \beta y + \gamma z - T = o,$$

et que l'équation des surfaces aplanétiques deviendra :

$$\varphi_2(x, y, z) + (\alpha x + \beta y + \gamma z) = \tau.$$

Donc, l'équation générale des surfaces aplanétiques par réfraction, les rayons incidents étant de nature N et parallèles à la direction + D ou à la direction — D, les rayons réfléchis étant de nature N′, et le foyer étant réel, est, en prenant pour origine le foyer, et en représentant par :

$$\alpha x + \beta y + \gamma z + T = o$$

l'équation de l'onde plane qui correspond aux rayons incidents parallèles à la direction + D et qui est postérieure de T à celle passant par l'origine :

$$\varphi_2(x, y, z) \pm (\alpha x + \beta y + \gamma z) = \tau.$$

Dans cette équation, φ_2 doit recevoir l'indice o ou e suivant la nature des rayons réfractés; la constante τ peut varier de zéro à $+\infty$, et on doit prendre le signe + ou le signe — suivant que les rayons incidents sont parallèles à la direction — D ou à la direction + D.

Il faut remarquer que, dans ce cas, si la surface aplanétique tourne sa convexité vers les rayons incidents, elle est limitée par un cylindre circonscrit à cette surface et dont les génératrices sont parallèles aux rayons incidents; c'est ce qu'il était facile de prévoir, car les ondes planes incidentes qui ne rencontrent pas la surface sont alors antérieures à celles qui la coupent, et si on prend pour point de départ une de ces ondes planes qui ne coupent pas la surface, on voit que, pour cette onde, la somme algébrique des temps U et U′ est égale à la somme de leurs valeurs absolues ; cette somme devant être constante sur toute la surface, celle-ci doit nécessairement être limitée. Si, au contraire, la surface aplanétique tourne sa convexité vers le foyer, elle peut être illimitée ; dans ce cas, en effet, les ondes planes qui coupent la surface sont antérieures à celles qui ne la rencontrent pas, et si on prend pour point de départ une onde plane qui ne coupe pas la surface, c'est toujours la différence des valeurs absolues des temps U et U′ qui doit être

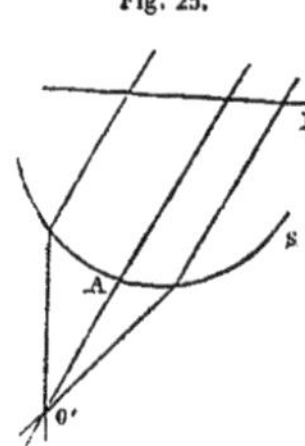

Fig. 25.

constante sur toute la surface ; si, au contraire, on prend pour point de départ une onde plane qui coupe la surface, on voit que cette onde partage la surface en deux parties : pour l'une de ces parties, c'est la somme des valeurs absolues des temps U et U′ qui est constante, et, par conséquent, cette partie est limitée ; pour l'autre, c'est la différence des valeurs absolues des temps U et U′ qui est constante, et cette partie peut s'étendre indéfiniment en sens contraire des rayons incidents (fig. 25).

F. — Le point lumineux est à l'infini et le foyer est virtuel.

Cela signifie que, les rayons incidents étant parallèles, les rayons réfractés d'une certaine espèce sont dirigés comme s'ils provenaient du foyer virtuel O′.

Soit S (fig. 26) une surface aplanétique par réfraction, les rayons incidents étant de nature N et parallèles à la direction + D, les rayons réfractés étant de nature N′, et le foyer virtuel se trouvant en O′. Si on imagine que le second milieu prenne

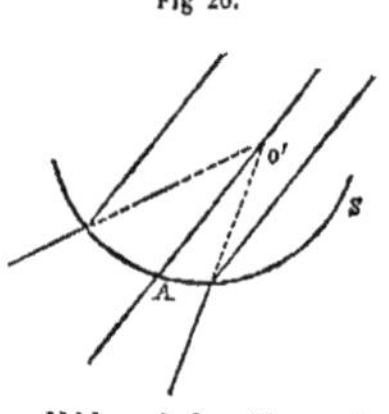

Fig 26.

la place du premier, et réciproquement, et que des rayons incidents de nature N, parallèles à la direction — D, tombent sur la surface S, il est évident que les rayons réfractés de nature N′ iront concourir au point O′, qui sera alors un foyer réel. Nous sommes ainsi ramenés au cas précédent, et nous voyons que l'équation des surfaces aplanétiques par réfraction, les rayons incidents étant de nature N et parallèles à la direction + D ou à la direction — D, les rayons réfractés étant de nature N′ et le foyer étant virtuel, est, en prenant pour origine le foyer, et en représentant par :

$$\alpha x + \beta y + \gamma z + T = 0$$

l'équation de l'onde plane qui correspond aux rayons incidents parallèles à la direction + D et qui est postérieure de T à celle passant par l'origine :

$$\varphi_2(x, y, z) \pm (\alpha x + \beta y + \gamma z) = \tau.$$

Dans cette équation, φ_2 doit encore recevoir l'indice o ou e suivant la nature des rayons réfractés ; τ peut varier de zéro à $+ \infty$; mais, à l'inverse de ce qui a lieu dans le cas précédent, on doit prendre le signe $+$ ou le signe $-$ suivant que les rayons incidents sont parallèles à la direction $+$ D ou à la direction $-$ D.

Il est aisé de voir que, dans le cas actuel, c'est la différence algébrique des temps U' et U qui est constante sur une même surface aplanétique, quelle que soit la position, réelle ou virtuelle, de l'onde plane incidente prise pour point de départ. Les surfaces aplanétiques ne peuvent être illimitées dans ce cas que si elles tournent leur convexité vers le foyer.

En résumé :

Pour qu'une surface soit aplanétique par réfraction, les rayons incidents étant parallèles et le foyer étant réel ou virtuel, il faut et il suffit que la somme algébrique ou la différence algébrique des temps U *et* U' *soit constante sur cette surface, quelle que soit la position de l'onde plane incidente prise pour point de départ.*

L'équation générale des surfaces aplanétiques par réfraction, les rayons incidents étant parallèles à la direction $+$ D *ou à la direction* $-$ D *et le foyer étant réel ou virtuel, est, en prenant le foyer pour origine, et en représentant par :*

$$\alpha x + \beta y + \gamma z + \mathrm{T} = 0,$$

l'équation de l'onde plane qui correspond aux rayons incidents parallèles à la direction $+$ D *et qui est postérieure de* T *à celle passant par l'origine :*

$$\varphi_{2}(x, y, z) \pm (\alpha x + \beta y + \gamma z) = \tau,$$

φ_{2} *devant recevoir l'indice* o *ou* e *suivant la nature des rayons réfractés, et* τ *pouvant varier de zéro à* $+ \infty$. *On doit prendre le signe* $+$ *ou le signe* $-$ *suivant que les rayons incidents sont parallèles à la direction* $+$ D *ou à la direction* $-$ D *si le foyer doit être virtuel, suivant que les rayons incidents sont parallèles à la direction* $-$ D *ou à la direction* $+$ D *si le foyer doit être réel.*

Chacune des surfaces représentées par cette équation est aplanétique sur ses deux faces pour la même direction des rayons incidents et la même position du foyer; mais, suivant qu'une de ces surfaces doit être aplanétique sur l'une ou l'autre de ses faces, le premier milieu doit être situé d'un côté de cette surface ou du côté opposé, et, par suite, si le foyer est réel lorsque la surface est aplanétique sur l'une de ses faces, il deviendra virtuel lorsque la surface sera aplanétique sur l'autre face, et réciproquement.

G *et* H. — *Le foyer est à l'infini et le point lumineux est réel ou virtuel.*

Cela signifie que, les rayons incidents émanant d'un point lumineux réel ou virtuel, les rayons réfractés d'une certaine espèce sont parallèles.

Ces deux cas se traitent absolument comme les deux précédents, et il suffira d'énoncer les résultats auxquels on parvient.

Supposons les rayons incidents de nature N, les rayons réfractés de nature N′ et parallèles à la direction + D ; considérons une onde plane quelconque P, réelle ou virtuelle, correspondant aux rayons réfractés ; désignons par U le temps employé par un rayon de nature N pour aller du point lumineux à un certain point d'une surface réfringente, ce temps étant toujours compté positivement, par U′ le temps employé par un rayon de nature N′ pour se propager parallèlement à la direction D de l'onde plane P au même point de la surface réfringente, ce temps étant compté positivement ou négativement suivant que, pour aller de l'onde plane P à la surface réfringente, ce rayon doit se mouvoir dans le même sens que les rayons réfractés ou en sens contraire. Nous verrons facilement que :

Pour qu'une surface soit aplanétique par réfraction, les rayons incidents émanant d'un point lumineux réel ou virtuel O et étant de nature N, les rayons réfractés étant parallèles à la direction + D et de nature N′, il faut et il suffit que, sur cette surface, la différence algébrique des temps U et U′ si le point lumineux doit être réel, la somme algébrique de ces mêmes temps si le point lumineux doit être virtuel, soit constante, quelle que soit l'onde plane réfractée prise pour point de départ.

L'équation générale des surfaces aplanétiques par réfraction, les rayons incidents émanant d'un point lumineux réel ou virtuel et les rayons réfractés étant parallèles à la direction + D ou à la direction — D, est, en prenant pour origine le point lumineux, et en représentant par :

$$\alpha' x + \beta' y + \gamma' z + T = 0,$$

l'équation de l'onde plane qui correspond aux rayons réfractés parallèles à la direction + D et qui est postérieure de T à celle passant par l'origine :

$$(\alpha' x + \beta' y + \gamma' z) \pm \varphi_i (x, y, z) = \tau.$$

Dans cette équation φ_i doit recevoir l'indice o ou e suivant la nature des rayons incidents ; τ peut varier de zéro à $+ \infty$, et l'on doit prendre le signe + ou le signe —, si le point lumineux doit être réel, suivant que les rayons réfractés sont parallèles à la direction + D ou à la direction — D, si le point lumineux doit être virtuel, suivant que ces rayons sont parallèles à la direction — D ou à la direction + D.

Les surfaces aplanétiques représentées par cette équation ne peuvent être illimitées que si elles tournent leur convexité vers le point lumineux. Chacune d'elles est aplanétique sur ses deux faces pour la même position du point lumineux et la même direction des rayons réfractés ; mais, suivant que la surface doit être aplanétique sur l'une de ses faces ou sur la face opposée, le premier milieu doit se trouver d'un côté de cette surface ou du côté opposé, et, par suite, le point lumineux doit devenir virtuel s'il était réel, et réciproquement.

I. — Le point lumineux et le foyer sont tous deux à l'infini.

Cela signifie que, les rayons incidents étant parallèles entre eux, les rayons réfractés d'une certaine espèce le sont également : dans ce cas, on sait que la surface réfringente est nécessairement plane (théorème XVIII).

Étant données la nature N et la direction + D des rayons incidents, la nature N′ et la direction + D′ des rayons réfractés, on peut trouver, par une construction géométrique, la direction que doit avoir une surface plane pour être aplanétique par réfraction. A cet effet, d'un point quelconque M comme centre on décrit la nappe de nature N d'une surface d'onde caractéristique du premier milieu correspondant à un temps T, et la nappe de nature N′ d'une surface d'onde caractéristique du second milieu correspondant au même temps; par le point M on mène deux rayons vecteurs, l'un parallèle à la direction + D, l'autre parallèle à la direction + D′; par le point où le premier de ces rayons vecteurs rencontre la nappe de nature N et par le point où le second rencontre la nappe de nature N′ on mène des plans tangents à ces nappes ; par l'intersection de ces deux plans et par le point M on fait passer un plan P, ou, si les deux plans tangents sont parallèles, on mène par le point M un plan P parallèle à ces plans tangents.

Si le plan P n'est pas compris dans l'angle formé par les deux rayons vecteurs menés par le point M parallèlement aux directions + D et + D′ des rayons incidents et des rayons réfractés, tout plan parallèle au plan P satisfait à la question; mais, si le plan P est compris dans cet angle, le problème est impossible. Il est facile de voir que ce dernier cas ne se présente jamais lorsque l'angle formé par les deux directions + D et + D′ est très-petit. Soit α l'angle formé par les deux droites menées par le point M parallèlement aux directions + D et + D′; supposons que, la direction + D des rayons incidents restant constante, la direction + D′ des rayons réfractés varie de telle sorte que l'angle α aille en augmentant ; il arrivera toujours un moment où cet angle deviendra assez grand pour que le plan P soit compris dans son intérieur. Désignons par ω le plus grand angle que puissent former les directions + D et + D′ sans que le plan P soit contenu dans l'intérieur de l'angle formé par les rayons vecteurs menés par le point M parallèlement à ces directions; cet angle limite ω est déterminé lorsqu'on connaît l'une des deux directions, + D par exemple, et la direction du plan qui passe par deux droites menées par un point quelconque parallèlement aux directions + D et + D′. Donc, quand on donne les directions + D et + D′ des rayons incidents et des rayons réfractés, et leur nature, il est toujours facile de trouver l'angle α de ces deux directions et l'angle limite ω. Remarquons que, si les deux milieux sont isotropes, ω est constant, et qu'en désignant par n l'indice de réfraction du milieu le plus réfringent par rapport au milieu le moins réfringent, l'on a dans ce cas :

$$\cos \omega = \frac{1}{n}.$$

Ceci posé, étant données les directions des rayons incidents et réfractés, et leur nature, il peut se présenter trois cas :

1° On a $\alpha < \omega$; alors $180° - \alpha$ est nécessairement plus grand que ω, puisque ω est toujours plus petit que 90° ; le problème est possible, et reste possible quand on change à la fois le sens des rayons incidents et celui des rayons réfractés, ce qui donne les mêmes surfaces aplanétiques ; mais il devient impossible quand on change le sens des rayons incidents sans changer celui des rayons réfractés ou réciproquement.

2° α est compris entre ω et $180° - \omega$; on a alors :

$$\alpha > \omega \quad \text{et} \quad 180° - \alpha > \omega.$$

Le problème est impossible, et reste impossible soit lorsqu'on change simultanément le sens des rayons incidents et celui des rayons réfractés, soit lorsqu'on change le sens des rayons incidents sans changer celui des rayons réfractés ou réciproquement.

3° On a :

$$\alpha > 180° - \omega, \quad \text{d'où} \quad 180° - \alpha < \omega.$$

Le problème est impossible, et reste impossible quand on change à la fois le sens des rayons incidents et celui des rayons réfractés , mais devient possible quand on change le sens des rayons incidents sans changer celui des rayons réfractés ou réciproquement, ce qui conduit aux mêmes surfaces aplanétiques.

On voit en somme que :

La nature des rayons incidents et celle des rayons réfractés étant données, les rayons incidents devant être parallèles à la direction $+ D$ ou à la direction $- D$, les rayons réfractés à la direction $+ D'$ ou à la direction $- D'$, il n'existe jamais plus d'un système de plans parallèles qui soient aplanétiques par réfraction, et il peut n'en exister aucun.

L'équation des surfaces aplanétiques planes s'obtient dans ce cas comme dans le cas analogue de la réflexion ; cette équation est, en représentant par :

$$\alpha x + \beta y + \gamma z + T = 0,$$

et par :

$$\alpha' x + \beta' y + \gamma' z + T = 0,$$

les équations des ondes planes qui correspondent respectivement aux rayons incidents parallèles à la direction $+ D$ et aux rayons réfractés parallèles à la direction $+ D'$, et qui sont postérieures de T à celles passant par l'origine :

$$(\alpha \pm \alpha') x + (\beta \pm \beta') y + (\gamma \pm \gamma') z = C.$$

*Dans cette équation C peut varier de —∞ à +∞ . On doit prendre le signe +
lorsque les rayons incidents et les rayons réfractés sont respectivement parallèles aux directions + D et — D′ ou aux directions — D et + D′, le signe — lorsque ces rayons
sont respectivement parallèles aux directions + D et + D′ ou aux directions — D et
— D′.*

*L'équation représente deux systèmes de plans parallèles ; de ces deux systèmes, il y
en a un, et un seul, qui satisfait à la question, lorsque l'angle α est plus petit que l'angle
limite ω ou plus grand que le supplément de ω; mais, si α est compris entre ω et 180°–ω,
aucun de ces deux systèmes de plans parallèles ne répond à la question, et le problème
est impossible.*

Remarquons que ceux des plans représentés par l'équation précédente qui sont
aplanétiques par réfraction le sont sur leurs deux faces, les rayons incidents
et les rayons réfractés conservant les mêmes directions.

Enfin, soit S un plan aplanétique par réfraction pour des rayons incidents de
nature N et de direction + D, et pour des rayons réfractés de nature N′ et de direction + D′; considérons l'onde plane correspondant aux rayons incidents dans
une quelconque de ses positions réelles ou virtuelles P, et l'onde plane correspondant aux rayons réfractés dans une quelconque de ses positions réelles ou
virtuelles P′; désignons par U le temps employé par un rayon de nature N pour
aller de l'onde plane P à un point quelconque du plan aplanétique S en se propageant parallèlement à la direction D, ce temps étant compté positivement ou négativement suivant que ce rayon, pour aller de l'onde plane P au plan aplanétique, doit se mouvoir dans le même sens que les rayons incidents ou en sens
contraire, par U′ le temps employé par un rayon de nature N′ pour aller de
l'onde plane P′ au même point du plan aplanétique en se propageant parallèlement à la direction D′, ce temps étant compté positivement ou négativement suivant que, pour aller de l'onde plane P′ au plan aplanétique, ce rayon doit se
mouvoir dans le même sens que les rayons réfractés ou en sens contraire : on
vérifiera facilement que, sur toute l'étendue du plan aplanétique S, la somme
algébrique U + U′ reste constante.

SECTION III. — DES SURFACES APLANÉTIQUES PLANES.

Lorsqu'une surface plane P est aplanétique par réflexion ou par réfraction
pour des positions données du point lumineux et du foyer, les rayons incidents
étant de nature N et les rayons réfléchis ou réfractés de nature N′, il est évident
que tous les plans parallèles au plan P sont aplanétiques, les rayons incidents

restant de nature N et les rayons réfléchis ou réfractés de nature N′; mais le point lumineux et le foyer occupent des positions différentes pour chacun de ces plans. On peut donc se proposer de rechercher, dans le cas de la réflexion, les conditions que doit remplir la surface d'onde caractéristique du milieu où se propagent les rayons, dans le cas de la réfraction, les relations qui doivent exister entre les surfaces d'onde caractéristiques des deux milieux, pour que tous les plans parallèles à un plan donné de direction soient aplanétiques : tel sera l'objet du présent chapitre.

A. — *Des surfaces planes aplanétiques par réflexion homologue.*

Supposons qu'un plan P soit aplanétique par réflexion pour des positions données O et O′ du point lumineux et du foyer, les rayons incidents et les rayons réfléchis étant de même nature : désignons par N la nature commune de ces deux espèces de rayons, et examinons d'abord le cas où le point lumineux et le foyer se trouvent de part et d'autre de la surface réfléchissante; pour fixer les idées, nous admettrons que le point lumineux soit réel et que le foyer soit virtuel (fig. 27).

Remarquons, en premier lieu, que la direction du plan P est conjuguée, ordinairement ou extraordinairement suivant que les rayons incidents et les rayons réfléchis sont ordinaires ou extraordinaires, à celle de la droite OO′, puisque le

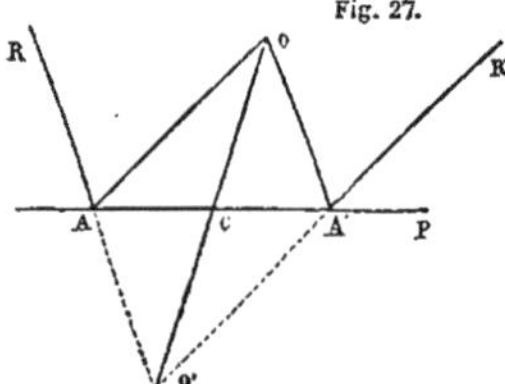

rayon incident dirigé suivant cette droite doit se réfléchir en revenant sur lui-même. Soit OA un rayon incident quelconque : le rayon réfléchi correspondant AR sera dirigé suivant le prolongement de O′A. Par le point O menons un rayon incident OA′ parallèle à O′A; ce rayon sera compris dans le plan des deux droites OA et OO′, et rencontrera, par conséquent, le plan P en un point A′ situé sur la droite AC, C étant le point où OO′ traverse le plan P. Le rayon réfléchi correspondant à OA′ sera dirigé suivant le prolongement de O′A′; le rayon incident OA′ étant parallèle au rayon réfléchi qui provient de OA, réciproquement le rayon réfléchi qui provient de OA′ doit être parallèle à OA. Le quadrilatère OAO′A′ est donc un parallélogramme, et l'on a :

$$AC = A'C, \quad OC = O'C.$$

Le plan P passe donc par le milieu de la droite OO′, et, par suite, deux rayons de nature N mettent des temps égaux pour aller des points O et O′ au point C de ce plan. Mais, le plan P étant aplanétique pour les positions O et O′ du point lumineux et du foyer, la différence des temps employés par deux rayons de nature N pour aller du point lumineux et du foyer à un même point de ce plan doit être constante; comme cette différence est nulle pour le point C, elle doit être nulle aussi pour tout autre point du plan P. Ceci nous montre déjà que, si un plan est aplanétique par réflexion homologue dans les conditions où nous nous sommes placés, des rayons de nature N mettent des temps égaux pour aller du point lumineux et du foyer à un même point de ce plan.

La droite OA′ étant égale et parallèle à la droite O′A, des rayons de nature N emploient des temps égaux pour aller de O en A′ et pour aller de O′ en A, ou encore, d'après ce que nous venons de dire, pour se propager de O en A et de O en A′. Les deux points A et A′ se trouvent donc sur la nappe de nature N d'une même surface d'onde caractéristique du milieu décrite du point O comme centre. Comme AC = A′C, et cela quelle que soit la position du point A, l'intersection de la nappe de nature N de toute surface d'onde caractéristique du milieu, décrite du point O comme centre, avec le plan P est une courbe ayant pour centre le point C. Pour la surface d'onde caractéristique, décrite du point O comme centre et tangente au plan P, cette courbe se réduit au point C.

Ceci posé, du point O comme centre, décrivons la nappe de nature N d'une surface d'onde caractéristique du milieu correspondant à l'unité de temps; désignons cette nappe par Σ; du même point O comme centre décrivons la nappe de nature N d'une surface d'onde caractéristique correspondant à un temps quelconque T, et

Fig. 28.

désignons cette nappe par S. Si le temps T est assez grand pour que la surface S coupe le plan P, l'intersection est, comme nous venons de le voir, une courbe ayant pour centre le point C (fig. 28). Prenons un point quelconque A sur cette courbe; joignons OA, et par le point B où cette droite rencontre la surface Σ menons un plan P′ parallèle au plan P; ce plan coupe la surface Σ suivant une courbe semblable à la première et semblablement placée par rapport au point O; le centre de cette courbe est donc situé au point C′ où le plan P′ rencontre la droite OC. Cette démonstration est tout à fait indépendante de la valeur de T; or, si on fait croître T, il est évident que le plan P′ peut occuper toutes les positions possibles, depuis celle où il est tangent en D à la surface Σ et qui correspond à la valeur de T pour laquelle la surface S est tangente en C au plan P, jusqu'à celle où il passe par le point O et qui correspond à une valeur infiniment grande de T; dans toutes ces positions, le plan P′ coupe la surface Σ suivant des courbes ayant leurs centres sur la droite OC.

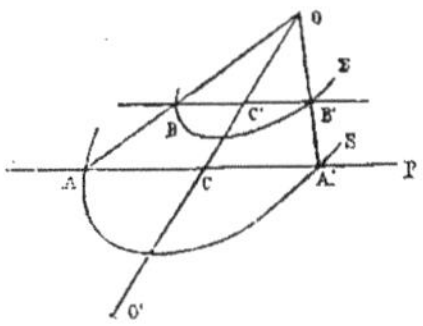

Donc, lorsque le plan P est aplanétique par réflexion homologue, les rayons incidents et les rayons réfléchis étant de nature N, toutes les sections faites parallèlement au plan P dans la nappe de nature N d'une surface d'onde caractéristique du milieu, décrite d'un point quelconque comme centre et correspondant à l'unité de temps, sont des courbes ayant leurs centres sur une même droite, dont la direction est conjuguée, ordinairement ou extraordinairement suivant la nature des rayons, à celle du plan P.

Nous allons démontrer maintenant que cette condition nécessaire est aussi suffisante, c'est-à-dire que, si les sections faites dans la nappe de nature N d'une surface d'onde caractéristique du milieu, décrite d'un point quelconque comme centre et correspondant à l'unité de temps, parallèlement à un certain plan P, sont toutes des courbes ayant leurs centres sur une même droite, tout plan parallèle au plan P est aplanétique par réflexion homologue, les rayons incidents et les rayons réfléchis étant de nature N; nous ferons voir en outre que chacun de ces plans est aplanétique pour toutes les positions du point lumineux.

Remarquons d'abord que la droite qui passe par les centres de toutes les sections faites parallèlement au plan P a nécessairement une direction conjugée, ordinairement ou extraordinairement suivant la nature N de la nappe considérée, à celle du plan P. En effet, d'une part le centre de la section dont le plan passe par le centre de la surface doit coïncider avec ce dernier point ; d'autre part, pour le plan parallèle au plan P qui est tangent à la nappe, la section se réduit au point de contact : la droite sur laquelle se trouvent les centres de toutes les sections parallèles au plan P est donc celle qui joint le centre de la surface au point de contact d'un plan tangent mené à la nappe parallèlement au plan P, et c'est précisément la direction de cette droite que nous sommes convenus de dire conjuguée à celle du plan P, ordinairement ou extraordinairement suivant que la nappe est elle-même ordinaire ou extraordinaire. Il est clair d'ailleurs que, si la condition énoncée plus haut est remplie pour la nappe de nature N d'une surface d'onde caractéristique correspondant à l'unité de temps, elle le sera aussi pour la nappe de nature N d'une surface d'onde caractéristique correspondant à un temps quelconque.

Ceci posé, soit p un plan parallèle au plan P, et O un point lumineux réel occupant une position quelconque par rapport à ce plan (fig. 29). Du point O comme

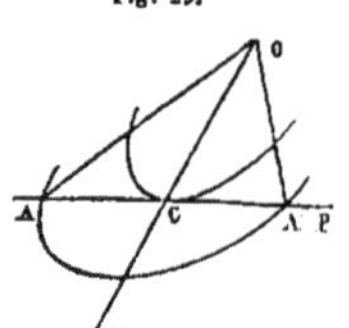

Fig. 29.

centre décrivons une surface d'onde caractéristique du milieu dont la nappe de nature N soit tangente au plan p. La droite OC qui passe par le point de contact a nécessairement une direction conjuguée à celle du plan p, ordinairement ou extraordinairement suivant que la nature N est ordinaire ou extraordinaire. Prolongeons cette droite OC d'une quantité égale à elle-même jusqu'en O' : je dis que le plan p est aplanétique par réflexion homologue pour les positions O et O' du point lumineux et du foyer, les rayons incidents et les rayons réfléchis étant de nature N. Pour le faire voir, du point O comme centre décrivons la nappe S de nature N d'une surface d'onde caractéristique correspondant à un temps quelconque T ; si cette nappe coupe le plan p, et si la condition énoncée plus haut est remplie, la section est une courbe ayant pour centre le point C. Prenons sur cette courbe un point quelconque A, joignons AC, et prolongeons cette droite jusqu'au point A′ où elle rencontre la courbe ; nous aurons : A′C = AC. Le quadrilatère OAO′A′, dans lequel les diagonales se coupent en parties égales, est un parallélogramme, et la droite O′A est égale et parallèle à OA′ ; des rayons de nature N mettent donc des temps égaux pour aller de O′ en A et de O en A′ ; d'ailleurs les deux points A et A′ se trouvant sur la nappe de nature N d'une même surface d'onde caractéristique décrite du point O comme centre, des rayons de nature N mettent aussi des temps égaux pour aller du point O aux points A et A′ ; donc, en définitive, des rayons de nature N emploient des temps égaux pour parcourir les distances OA et O′A. Le même raisonnement est applicable quelle que soit la position du point A sur le plan p, car on peut toujours par ce point faire passer la nappe de nature N d'une surface d'onde caractéristique décrite du point O comme centre, et la section de cette nappe par le plan p est toujours une courbe ayant pour centre le point C. Le plan p est donc tel que des rayons de nature N emploient des temps égaux pour aller des points O et O′ à un même point de ce plan, quel que soit ce point ; par suite, d'après ce que nous avons démontré précédemment, ce plan est aplanétique par réflexion homologue pour les positions O et O′ du point lumineux et du foyer, les rayons incidents et les rayons réfléchis étant de nature N. Cette démonstration est entièrement indépendante de la position du point lumineux O ; d'où il résulte que le plan p est aplanétique pour toutes les positions réelles du point lumineux, et qu'étant donnée la position du point lumineux O, pour trouver celle du foyer il faut par le point O mener une droite OC dont la direction soit conjuguée à celle du plan p et prolonger cette droite d'une quantité égale à elle-même.

On peut remarquer que le rayon réfléchi provenant d'un rayon incident quelconque se trouve toujours dans le plan passant par ce rayon incident et par une parallèle à OC menée par le point d'incidence. Cette droite OC, dont la direction est conjuguée, ordinairement ou extraordinairement suivant la nature des rayons, à celle de la surface aplanétique plane p, joue donc, lorsqu'il s'agit d'un milieu quelconque, le même rôle que la normale à la surface réfléchissante dans les milieux isotropes.

Le cas où le point lumineux est virtuel et le foyer réel se ramène immédiatement à celui que nous venons d'examiner : en effet, si un plan est aplanétique par réflexion homologue, O étant un point lumineux réel et O′ un foyer virtuel, les rayons incidents et les rayons réfléchis étant de nature N, ce même plan est encore aplanétique, lorsque O est un foyer réel et O′ un point lumineux virtuel, les rayons restant de nature N. Il faut conclure de là que :

Toutes les fois qu'un plan est aplanétique par réflexion homologue pour une certaine position du point lumineux et du foyer, ces points étant situés de part et d'autre de ce plan, il est nécessairement aplanétique pour toutes les positions réelles ou virtuelles du point lumineux.

Il est facile de voir d'ailleurs que, si le point lumineux et le foyer doivent être situés tous deux du même côté d'une surface aplanétique par réflexion homologue, c'est-à-dire si ces points doivent être tous deux réels ou tous deux virtuels,

Fig. 30.

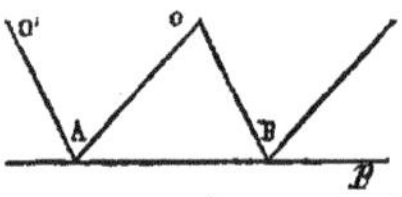

cette surface ne peut jamais être plane. Supposons, en effet, qu'un plan p (fig. 30) soit aplanétique par réflexion homologue, le point lumineux et le foyer étant tous deux réels ; soit OA un rayon incident quelconque : le rayon réfléchi correspondant sera O'A. Menons par le point O une droite OB parallèle à O'A ; au rayon incident OB correspondra un rayon réfléchi parallèle à OA. Il est impossible que ce dernier rayon réfléchi passe par le foyer O', à moins que ce foyer ne se confonde avec le point lumineux O; mais, s'il en était ainsi, la surface aplanétique se confondrait avec la nappe, de même nature que les rayons, d'une surface d'onde caractéristique du milieu, et, par conséquent, ne pourrait être plane. Le même raisonnement est applicable au cas où les points O et O' sont tous deux virtuels.

On peut du reste remarquer que, si les points O et O' se trouvent du même côté de la surface réfléchissante, pour que celle-ci soit aplanétique, les rayons incidents et les rayons réfléchis étant de nature N, il faut que la somme des temps employés par des rayons de nature N pour aller des points O et O' à un même point de la surface réfléchissante soit constante sur toute cette surface, ce qui ne saurait avoir lieu si la surface est plane.

En résumé :

Pour qu'un plan parallèle à un plan donné de direction P puisse être aplanétique par réflexion homologue, les rayons incidents et les rayons réfléchis étant de nature N, il faut et il suffit que les sections faites dans la nappe de nature N d'une surface d'onde caractéristique du milieu correspondant à un temps quelconque par des plans parallèles au plan P soient toutes des courbes ayant leurs centres sur une même droite.

Si cette condition est remplie, tout plan parallèle au plan P est aplanétique par réflexion homologue pour les rayons de nature N et pour toutes les positions réelles ou virtuelles du point lumineux. Étant donnés un de ces plans parallèles au plan P et la position O du point lumineux, pour avoir celle du foyer il faut par le point O mener une droite dont la direction soit conjuguée, ordinairement ou extraordinairement suivant la nature des rayons, à celle du plan P et prolonger cette droite d'une quantité égale à elle-même à partir du point où elle rencontre le plan réfléchissant ; le foyer est donc virtuel si le point lumineux est réel, et réciproquement ; à chaque position donnée pour le foyer correspond de même une position pour le point lumineux, le plan réfléchissant restant invariable.

On peut remarquer que, d'après la construction que nous venons d'indiquer, si le point lumineux est à l'infini, il en est de même du foyer, c'est-à-dire que, si les rayons incidents sont parallèles, pour qu'une surface plane soit aplanétique par réflexion homologue, il faut que les rayons réfléchis soient aussi parallèles, ce qui est évident par soi-même.

Pour qu'un plan p, donné non-seulement de direction mais encore de position, soit aplanétique par réflexion homologue pour des positions également données du point lumineux et du foyer, les rayons incidents et les rayons réfléchis étant de nature N, il faut et il suffit, d'après ce que nous venons de voir : 1° que la direction du plan p soit conjuguée, ordinairement ou extraordinairement suivant la nature des rayons, à celle de la droite OO'; 2° que le plan p passe par le milieu de la droite OO'; 3° que les sections faites parallèlement au plan p dans la nappe de nature N d'une surface d'onde caractéristique du milieu correspondant à un temps quelconque soient toutes des courbes ayant leurs centres sur une même droite.

Nous allons chercher maintenant quelle doit être la forme de la nappe de nature N des surfaces d'onde caractéristiques d'un milieu pour que, dans ce milieu, un plan de direction quelconque soit toujours aplanétique par réflexion homologue, les rayons incidents et les rayons réfléchis étant de nature N.

D'après ce que nous venons de voir, il faut pour cela qu'en décrivant, d'un point quelconque comme centre, la nappe de nature N d'une surface d'onde caractéristique du milieu correspondant à un temps quelconque T, nappe que nous désignerons par Σ, les sections faites dans cette nappe Σ par les plans parallèles à un plan P soient toutes des courbes ayant leurs centres sur une même droite, quelle que soit la direction du plan P. Supposons cette condition satisfaite; coupons la surface Σ par un plan quelconque passant par le centre, et, dans la courbe C d'intersection, considérons un système quelconque de cordes parallèles ; les tangentes à la courbe C menées parallèlement à ces cordes touchent cette courbe en deux points A et A' situés sur une droite passant par le centre de la surface. Menons à la surface Σ un plan tangent au point A; si on coupe la surface par des plans parallèles à ce plan tangent, toutes les sections seront des courbes ayant leurs centres sur la droite AA'; mais les intersections de ces plans parallèles avec le plan de la courbe C ne sont autres que les cordes parallèles que nous avons considérées ; ces cordes ont donc toutes leurs milieux sur la droite AA'. Donc, pour que, dans un milieu homogène, un plan de direction quelconque soit toujours aplanétique par réflexion homologue, les rayons incidents et les rayons réfléchis étant de nature N, il faut que toute section faite dans la nappe de nature N d'une surface d'onde caractéristique du milieu correspondant à un temps quelconque par un plan passant par le centre de cette surface soit une courbe dans laquelle le lieu des milieux des cordes parallèles à une direction quelconque soit une droite, ou, plus simplement, une courbe dont tous les diamètres soient rectilignes.

Nous allons faire voir que cette condition nécessaire est aussi suffisante. En effet, supposons qu'elle soit satisfaite ; prenons un point quelconque A sur la surface Σ, et menons par ce point un plan tangent à cette surface ; si on considère les sections faites dans la surface Σ par les plans passant par la droite OA qui joint le centre de la surface Σ au point A, on voit que les cordes qui, dans ces sections, ont pour diamètre la droite OA, sont respectivement parallèles aux tangentes à ces sections menées par le point A, et par suite au plan tangent à la surface Σ en A, plan qui contient toutes ces tangentes. Prenons parmi ces cordes celles qui rencontrent la droite OA en un même point D ; elles sont évidemment contenues dans un même plan p parallèle au plan tangent à la surface Σ en A, et, comme toutes ces cordes ont leurs milieux en D, la section de la surface par le plan p est une courbe ayant son centre en D. Ce raisonnement étant applicable quelle que soit la position du point D sur la droite OA, on voit que les sections faites dans la surface Σ par les plans parallèles au plan tangent à cette surface en A sont toutes des courbes ayant leurs centres sur une même droite. Comme nous n'avons rien supposé de particulier sur la position du point A, si la condition énoncée plus haut est remplie, les sections faites dans la surface Σ par des plans parallèles à un plan quelconque P sont toujours des courbes ayant leurs centres sur une même droite, quelle que soit la direction du plan P, et, par suite, un plan de direction quelconque est aplanétique par réflexion homologue, les rayons incidents et réfléchis étant de nature N. Donc :

Pour que, dans un milieu homogène, un plan de direction quelconque soit toujours aplanétique par réflexion homologue, les rayons incidents et les rayons réfléchis étant de nature N, *il faut et il suffit que toute section faite dans la nappe de nature* N *d'une des surfaces d'onde caractéristiques du milieu par un plan passant par le centre de cette surface soit une courbe dont tous les diamètres soient rectilignes, c'est-à-dire une courbe du second degré.*

On sait, en effet, que les courbes du second degré sont les seules qui puissent avoir tous leurs diamètres rectilignes. (Voir à ce sujet : J. Bertrand. — *Démonstration d'un théorème de géométrie. — Journal de Mathématiques pures et appliquées.* — T. VIII, p. 215.)

On voit que les seuls milieux homogènes dans lesquels un plan de direction quelconque est toujours aplanétique par réflexion homologue sont ceux dont les surfaces d'onde caractéristiques sont des surfaces du second degré, c'est-à-dire les milieux homogènes uniaxes, dont les milieux homogènes isotropes peuvent être considérés comme un cas particulier. *Les milieux homogènes uniaxes* sont donc caractérisés par une propriété qui n'appartient qu'à eux seuls : *dans ces milieux un plan de direction quelconque est toujours aplanétique par réflexion homologue.* La propriété que nous venons d'énoncer permet de définir les milieux uniaxes par une loi simple de la réflexion comme les milieux isotropes sont définis par les deux lois de la réflexion ordinaire.

B. — Des surfaces planes aplanétiques par réfraction.

Nous allons montrer, en premier lieu, qu'il est impossible qu'une surface plane soit aplanétique par réfraction lorsque le point lumineux et le foyer sont situés de part et d'autre de la surface réfringente, c'est-à-dire lorsque ces points sont tous deux réels ou tous deux virtuels. Supposons, en effet, qu'un plan p (fig. 31) soit aplanétique par réfraction, le point lumineux et le foyer étant tous deux réels ; le rayon incident dirigé suivant la droite OO′ doit se réfracter sans déviation. Soit OA un rayon incident quelconque ; menons par le point A une parallèle BC à OO′ ; le rayon incident OA étant compris dans l'angle CAM, le rayon réfracté correspondant devrait être compris dans l'angle BAN, et ne pourrait, par suite, passer par le point O′. Le même raisonnement peut s'appliquer au cas où les deux points O et O′ sont virtuels.

Nous n'avons donc qu'à nous occuper du cas où le point lumineux et le foyer sont l'un réel et l'autre virtuel, c'est-à-dire se trouvent du même côté de la surface réfringente, et nous savons qu'alors, pour qu'une surface soit aplanétique par réfraction pour des positions données du point lumineux et du foyer, les rayons incidents étant de nature N et les rayons réfractés de nature N′, il faut et il suffit que cette surface soit le lieu des intersections des nappes de nature N des surfaces d'onde caractéristiques du premier milieu, décrites du point O comme centre et correspondant au temps T, avec les nappes de nature N′ des surfaces d'onde caractéristiques du second milieu, correspondant au temps T + C et décrites du point O′ comme centre, C étant une quantité constante.

Ceci posé, nous allons aborder le problème suivant : un plan p étant donné de direction et de position, trouver ce que doit être la nappe de nature N′ de la surface d'onde caractéristique du second milieu pour que ce plan p soit aplanétique par réfraction pour des positions également données O et O' du point lumineux et du foyer situées du même côté du plan p; les rayons incidents sont supposés de nature N et les rayons réfractés de nature N'; on donne de plus la nappe de nature N de la surface d'onde caractéristique du premier milieu et la constante C, c'est-à-dire la différence constante des temps que mettent un rayon de nature N pour aller du point lumineux à un point du plan réfringent dans le premier milieu et un rayon de nature N' pour aller du foyer au même point dans le second milieu.

Prenons pour simplifier le plan donné p pour plan des xy; soient alors :

$$f(x, y, z) = 0$$

l'équation de la nappe de nature N de la surface d'onde caractéristique du premier milieu, décrite de l'origine comme centre et correspondant à l'unité de temps, (a, b, c) les coordonnées du point lumineux O, (a', b', c') celles du foyer O'. Pour fixer les idées, supposons les points O et O' situés dans le premier milieu, c'est-à-dire le point lumineux réel et le foyer virtuel (fig. 32).

Du point O comme centre décrivons la nappe de nature N de la surface d'onde caractéristique du premier milieu correspondant à l'unité de temps; désignons cette nappe par Σ. Son équation est :

$$f(x-a, \ y-b, \ z-c) = 0. \tag{1}$$

Du même point O comme centre décrivons la nappe de nature N d'une surface d'onde caractéristique du premier milieu correspondant à un temps quelconque T; désignons par S cette nappe, et supposons T assez grand pour qu'elle coupe le plan p; l'équation de la surface S est :

$$f\left(\frac{x-a}{T}, \ \frac{y-b}{T}, \ \frac{z-c}{T}\right) = 0. \tag{2}$$

Soit A un point quelconque de la section faite dans la surface S par le plan p; joignons OA, et soit B le point où cette droite rencontre la surface Σ; on aura :

$$\frac{OA}{OB} = T;$$

le lieu des points B est la section faite dans la surface Σ par un plan parallèle au plan p. Désignons par γ la distance de ce dernier plan au plan p pris pour plan des xy, il viendra :

$$\frac{c}{c-\gamma} = \frac{OA}{OB} = T. \tag{3}$$

Pour que le plan p soit aplanétique par réfraction pour les positions O et O' du point lumineux et du foyer, les rayons incidents étant de nature N et les rayons réfractés de nature N', il faut et il suffit que la section faite par ce plan p dans la surface S se confonde avec la section faite par ce même plan dans la nappe de nature N′ de la surface d'onde caractéristique du second milieu, décrite du point O′ comme centre et correspondant au temps T + C, et cela quel que soit T,C restant constant; nous désignerons cette dernière nappe par S′. Si la condition que nous venons d'énoncer est remplie, en joignant O′A et en prenant sur cette droite O′A un point B′ tel que l'on ait :

$$\frac{O'A}{O'B'} = T + C,$$

le lieu des points B′ sera la section faite par un plan parallèle au plan p dans la nappe de nature N′ de la surface d'onde caractéristique du second milieu, décrite du point O′ comme centre et correspondant à l'unité de temps, nappe que nous appellerons Σ′. Si on désigne par γ' la distance du plan qui est le lieu des points B′ au plan p auquel il est parallèle, on aura :

$$\frac{c'}{c' - \gamma'} = T + C.$$

Soient maintenant (x', y') les coordonnées du point B′, (x, y) celles du point A ; il viendra :

$$\frac{x - a'}{x' - a'} = \frac{y - b'}{y' - b'} = \frac{O'A}{O'B'} = T + C,$$

d'où :

$$x = a' + (T + C)(x' - a'), \quad y = b' + (T + C)(y' - b'). \tag{4}$$

Les coordonnées x et y du point B sont d'ailleurs liées par l'équation suivante, qui est celle de la section faite dans la surface S par le plan p :

$$f\left(\frac{x - a}{T}, \frac{y - b}{T}, \frac{-c}{T}\right) = 0. \tag{5}$$

En remplaçant dans cette équation x et y par leurs valeurs en x' et y' données par les relations (4), on aura entre x' et y' l'équation :

$$f\left[\frac{(a' - a) + (T + C)(x' - a')}{T}, \frac{(b' - b) + (T + C)(y' - b')}{T}, \frac{-c}{T}\right] = 0, \tag{6}$$

qui n'est autre que celle de la projection sur le plan des xy de la section faite dans la surface Σ, par le plan parallèle au plan p qui a pour équation : $z = \gamma'$. On a d'ailleurs :

$$T + C = \frac{c'}{c' - \gamma'}, \quad \text{d'où} \quad T = \frac{c'}{c' - \gamma'} - C$$

En remplaçant dans (6) T et T + C par leurs valeurs, il vient :

$$f\left[\frac{(a' - a) + \frac{c'}{c' - \gamma'}(x' - a')}{\frac{c'}{c' - \gamma'} - C}, \frac{(b' - b) + \frac{c'}{c' - \gamma'}(y' - b')}{\frac{c'}{c' - \gamma'} - C}, \frac{-c}{\frac{c'}{c' - \gamma'} - C}\right] = 0,$$

d'où en changeant les signes :

$$f\left[\frac{(a-a')+\dfrac{c'}{\gamma'-c'}(x'-a')}{\dfrac{c'}{\gamma'-c'}+C},\ \frac{(b-b')+\dfrac{c'}{\gamma'-c'}(y'-b')}{\dfrac{c'}{\gamma'-c'}+C},\ \frac{c}{\dfrac{c'}{\gamma'-c'}+C}\right]=0.\quad(7)$$

Pour que le plan P soit aplanétique dans les conditions données, il faut et il suffit que l'équation de la surface Σ' devienne identique à l'équation (7), quand on y fait $z=\gamma'$, et cela quelle que soit la valeur de γ', c'est-à-dire quelle que soit la valeur de T; or ceci ne peut avoir lieu qu'autant que l'équation de la surface Σ' est identique à celle qu'on obtient en remplaçant dans (7) γ' par z', ce qui donne, en chassant les dénominateurs et supprimant les accents pour les coordonnées (x, y, z) :

$$f\left[\frac{(a-a')(z-c')+c'(x-a')}{c'+C(z-c')},\ \frac{(b-b')(z-c')+c'(y-b')}{c'+C(z-c')};\ \frac{c(z-c')}{c'+C(z-c')}\right]=0.\quad(8)$$

Si telle est l'équation de la surface Σ', celle de la nappe de nature N' de la surface d'onde caractéristique du second milieu, décrite de l'origine comme centre et correspondant à l'unité de temps, s'obtiendra en remplaçant dans (8) x par $x+a'$, y par $y+b'$, z par $z+c'$, ce qui donne :

$$f\left[\frac{(a-a')z+c'x}{c'+Cz},\ \frac{(b-b')z+c'y}{c'+Cz},\ \frac{cz}{c'+Cz}\right]=0.\quad(9)$$

En remontant à la construction qui nous a servi de point de départ, on voit que cette équation (9) ne représente que la moitié de la nappe de nature N' de la surface d'onde caractéristique du second milieu, décrite de l'origine comme centre et correspondant à l'unité de temps, nappe que nous désignerons par σ, cette moitié étant située du côté du second milieu par rapport au plan des xy. L'autre moitié de cette nappe σ est déterminée par cette condition que la nappe tout entière doit avoir l'origine pour centre, et son équation s'obtiendra en remplaçant dans (9) x, y, z par $-x$, $-y$, $-z$, ce qui donne :

$$f\left[\frac{-(a-a')z-c'x}{c'-Cz},\ \frac{-(b-b')z-c'y}{c'-Cz},\ \frac{-cz}{c'-Cz}\right]=0.\quad(10)$$

Mais, comme l'équation $f(x, y, z)=0$ représente une surface ayant l'origine pour centre, on peut dans l'équation (10) changer les signes des quantités qui remplacent x, y, z sans que cette équation cesse de représenter la même surface, ce qui donne :

$$f\left[\frac{(a-a')z+c'x}{c'-Cz},\ \frac{(b-b')z+c'y}{c'-Cz},\ \frac{cz}{c'-Cz}\right]=0.\quad(11)$$

Si C est différent de zéro, les deux moitiés de la nappe σ séparées par le plan des xy et représentées par les équations (9) et (11) se rejoignent suivant une courbe située dans le plan des xy et telle qu'en chaque point de cette courbe, on peut mener à la surface deux plans tangents faisant entre eux un angle différent de zéro; or, dans aucun milieu une nappe de la surface d'onde caractéristique ne peut présenter ainsi une série continue de points singuliers formant une courbe; donc, pour que le problème soit possible, il faut que les équations (9) et (11) représentent la même surface, ce qui nécessite que la constante C soit nulle (si c' était nul, les équations (9) et (11) ne contiendraient pas z et représenteraient des surfaces planes, ce qui est évidemment impossible). En faisant $C = o$, les équations (9) et (11) prennent toutes deux la forme :

$$f\left[\frac{(a-a')z + c'x}{c'}, \ \frac{(b-b')z + c'y}{c'}, \ \frac{cz}{c'}\right] = o. \tag{12}$$

Nous avons supposé, dans ce qui précède, le point lumineux et le foyer tous deux situés dans le premier milieu; mais il est aisé de vérifier que l'on arriverait aux mêmes résultats en les supposant dans le second milieu.

Nous pouvons donc énoncer les propositions suivantes :

1° Toutes les fois qu'un plan est aplanétique par réfraction, les rayons incidents étant de nature N et les rayons réfractés de nature N', le point lumineux et le foyer sont situés du même côté de ce plan, et le temps employé par un rayon de nature N pour se propager du point lumineux à un point quelconque du plan dans le premier milieu est égal à celui que met un rayon de nature N' pour aller du foyer au même point du plan dans le second milieu ;

2° Pour qu'un plan P, donné de direction et de position, soit aplanétique pour des positions également données du point lumineux et du foyer, situées du même côté de ce plan, les rayons incidents étant de nature N et les rayons réfractés de nature N', il faut et il suffit que, le plan P étant pris pour plan des xy, *les coordonnées du point lumineux étant alors* (a, b, c), *celles du foyer* (a', b', c') *et l'équation de la nappe de nature N de la surface d'onde caractéristique du premier milieu, décrite de l'origine comme centre et correspondant à l'unité de temps :*

$$f(x, y, z) = o,$$

la nappe de nature N' de la surface d'onde caractéristique du second milieu, décrite de l'origine comme centre et correspondant à l'unité de temps, soit représentée par l'équation ·

$$f\left[\frac{(a-a')z + c'x}{c'}, \ \frac{(b-b')z + c'y}{c'}, \ \frac{cz}{c'}\right] = o.$$

L'équation (12) représente la même surface, tant que les quantités

$$\frac{a-a'}{c'}, \quad \frac{b-b'}{c'}, \quad \frac{c}{c'}$$

conservent des valeurs constantes; il résulte de là qu'un plan p qui est aplanétique par réfraction pour des positions données du point lumineux et du foyer, positions où les coordonnées de ces points sont respectivement $(a,\ b,\ c)$ et $(a',\ b',\ c')$, est encore aplanétique par réfraction, la nature des rayons incidents et celle des rayons réfractés restant les mêmes, pour toutes les positions du point lumineux et du foyer telles qu'en représentant par α, β, γ les coordonnées du point lumineux, par α', β', γ' celles du foyer, on ait les trois relations :

$$\frac{\alpha-\alpha'}{\gamma'} = \frac{a-a'}{c'}, \quad \frac{\beta-\beta'}{\gamma'} = \frac{b-b'}{c'}, \quad \frac{\gamma}{\gamma'} = \frac{c}{c'}.$$

Or, quelles que soient les valeurs, positives ou négatives, des coordonnées α, β, γ, on peut toujours trouver pour α', β', γ' des valeurs telles que ces trois relations soient satisfaites; donc, quelle que soit la position, réelle ou virtuelle, du point lumineux, on peut toujours trouver pour le foyer une position telle que le plan p soit encore aplanétique par réfraction. Nous arrivons ainsi à la conclusion suivante :

Toutes les fois qu'une surface plane est aplanétique par réfraction pour une certaine position du point lumineux et du foyer, cette surface plane est aplanétique par réfraction pour toutes les positions réelles ou virtuelles du point lumineux, la nature des rayons incidents et celle des rayons réfractés restant les mêmes; le foyer est virtuel quand le point lumineux est réel, et réciproquement.

Soit p un plan aplanétique par réfraction, le point lumineux étant en O et le foyer en O', les rayons incidents étant de nature N et les rayons réfractés de nature N'; à une autre position ω du point lumineux correspond, d'après ce que nous venons de dire, la nature des rayons incidents et celle des rayons réfractés restant les mêmes, une autre position ω' du foyer. Désignons par $(a,\ b,\ c)$ et par $(a',\ b',\ c')$ les coordonnées des points O et O', par $(\alpha,\ \beta,\ \gamma)$ et par $(\alpha',\ \beta',\ \gamma')$ celles des points ω et ω', le plan p étant pris pour plan des xy; on aura les relations :

$$\frac{a-a'}{c'} = \frac{\alpha-\alpha'}{\gamma'}, \quad \frac{b-b'}{c'} = \frac{\beta-\beta'}{\gamma'}, \quad \frac{c}{c'} = \frac{\gamma}{\gamma'},$$

d'où l'on tire :

$$\frac{a-a'}{\alpha-\alpha'} = \frac{b-b'}{\beta-\beta'} = \frac{c-c'}{\gamma-\gamma'} = \frac{c'}{\gamma'} = \frac{c}{\gamma} = \frac{\sqrt{(a-a')^2 + (b-b')^2 + (c-c')^2}}{\sqrt{(\alpha-\alpha')^2 + (\beta-\beta')^2 + (\gamma-\gamma')^2}}.$$

Donc, étant donné le point lumineux ω, pour avoir le foyer correspondant ω'

il faut par le point ω mener une droite parallèle à OO′, et prendre sur cette droite une longueur qui soit à la longueur OO′ dans le rapport de γ à c. La distance d'un point lumineux au foyer correspondant est donc proportionnelle à la distance de ce point lumineux au plan réfringent aplanétique ; d'où il suit que, si le point lumineux est à une distance infinie de ce plan, il en est de même du foyer, ce qui était facile à prévoir. On voit encore que, si le point lumineux se déplace sur la droite OO′, le foyer se meut sur cette même droite, et que, si la distance du point lumineux au plan réfringent devient infiniment petite, la distance du foyer au même plan devient aussi infiniment petite.

Enfin, on peut remarquer que toutes les droites telles que ωω′, qui joignent une position du point lumineux à la position correspondante du foyer, sont parallèles entre elles ; ce résultat pouvait être annoncé à l'avance, car ces droites ne sont autres que les directions des rayons incidents qui pénètrent dans le second milieu sans se briser ; cette direction dépend de celle du plan tangent à la surface réfringente au point d'incidence ; donc, si cette surface est plane, les rayons incidents qui, aux différents points de cette surface, pénètrent dans le second milieu sans se briser doivent avoir des directions parallèles.

Soit p (fig. 33) un plan aplanétique par réfraction pour les positions O et O′ du point lumineux et du foyer ; considérons un rayon incident quelconque émané du point O ; le rayon réfracté correspondant est dirigé de façon que son prolongement passe en O′ : ce rayon réfracté est donc contenu dans le plan qui passe par le rayon incident OA et par une parallèle à OO′ menée par le point A. La direction de cette droite OO′, qui n'est autre que celle du rayon incident qui pénètre dans le second milieu sans se réfracter, joue donc, lorsqu'il s'agit d'un milieu quelconque, le même rôle que la direction normale à la surface réfringente dans le cas particulier où les deux milieux sont isotropes.

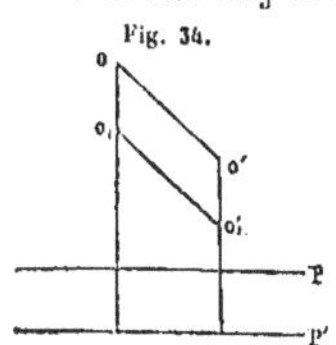

Fig. 33.

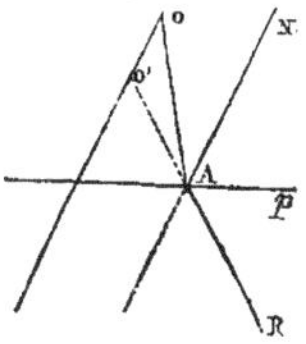

Lorsqu'un plan P est aplanétique par réfraction pour les positions O et O′ du point lumineux et du foyer, les rayons incidents étant de nature N et les rayons réfractés de nature N′, ce plan P est aplanétique par réfraction pour toutes les positions, réelles ou virtuelles, du point lumineux, la nature des rayons incidents et celle des rayons réfractés restant les mêmes ; il est facile de montrer qu'il en est de même pour tout plan P′ parallèle au plan P (fig. 34). En effet, des points O et O′ abaissons deux perpendiculaires sur les plans P et P′, et prenons sur ces droites deux longueurs OO_1, $O'O'_1$ égales à la distance qui sépare ces deux plans parallèles ; les points O_1 et O'_1 étant placés par rapport au plan P′ comme les points O et O′ le sont par rapport au plan P, il

Fig. 34.

est évident que le plan P′ est aplanétique pour les positions O_1 et O'_1 du point lumineux et du foyer, les rayons incidents et les rayons réfractés conservant toujours la même nature. Le point O pouvant être quelconque, on voit que :

Lorsqu'un plan P est aplanétique par réfraction pour une certaine position du point lumineux et du foyer, ce plan et tous les plans qui lui sont parallèles sont aplanétiques pour toutes les positions, réelles ou virtuelles, du point lumineux, la nature des rayons incidents et celle des rayons réfractés restant les mêmes.

Revenons maintenant à l'équation (12); en y faisant $z = 0$, il vient

$$f(x, y, 0) = 0.$$

Donc, si un plan P est aplanétique par réfraction, les rayons incidents étant de nature N et les rayons réfractés de nature N′, et que, d'un point quelconque comme centre, on décrive la nappe de nature N de la surface d'onde caractéristique du premier milieu correspondant à l'unité de temps et la nappe de nature N′ de la surface d'onde caractéristique du second milieu correspondant aussi à l'unité de temps, le plan mené par le centre commun de ces deux nappes parallèlement au plan P coupe les deux nappes suivant la même courbe, ce qui signifie que, suivant chacune des directions parallèles au plan P, la vitesse avec laquelle se meut un rayon de nature N dans le premier milieu est égale à la vitesse avec laquelle se meut un rayon de nature N′ dans le second milieu. Remarquons que cette condition est nécessaire pour que le plan P soit aplanétique, mais non suffisante.

Il résulte de là qu'étant données les surfaces d'onde caractéristiques de deux milieux, on devra procéder de la manière suivante pour trouver les directions des plans qui peuvent être aplanétiques par réfraction, les rayons incidents étant de nature N et les rayons réfractés de nature N′.

De l'origine comme centre on décrira la nappe σ de nature N de la surface d'onde caractéristique du premier milieu correspondant à l'unité de temps et la nappe σ' de nature N′ de la surface d'onde caractéristique du second milieu correspondant également à l'unité de temps; si les deux nappes σ et σ' sont extérieures l'une à l'autre, si elles se coupent ou se touchent suivant des courbes dont aucune n'est plane, si enfin, les courbes d'intersection ou de tangence étant planes, le plan d'aucune de ces courbes ne passe par le centre commun des deux nappes, c'est-à-dire par l'origine, aucun plan ne peut être aplanétique par réfraction dans les conditions données. Si les deux nappes σ et σ' se coupent ou se touchent suivant une ou plusieurs courbes planes dont les plans passent par le centre, on prendra successivement le plan de chacune de ces courbes pour plan des xy, et on cherchera si, l'équation de la nappe σ étant alors :

$$f(x, y, z) = 0,$$

celle de la nappe σ' peut être identifiée avec l'équation :

$$f(mz + x, \ nz + y, \ pz) = 0,$$

en disposant convenablement des trois indéterminées m, n, p. Si cette identification est possible, tout plan parallèle à celui pris pour plan des xy est aplanétique, les rayons incidents étant de nature N et les rayons réfractés de nature N′, pour toutes les positions réelles ou virtuelles du point lumineux, et en posant :

$$m = \frac{a - a'}{c'}, \ n = \frac{b - b'}{c'}, \ p = \frac{c}{c'},$$

m, n, p ayant les valeurs précédemment déterminées, on aura trois relations qui permettront, étant données les coordonnées (a, b, c) du point lumineux de trouver les coordonnées (a', b', c') du foyer, et réciproquement.

Nous venons de voir que, si un plan P est aplanétique par réfraction, les nappes correspondant respectivement aux rayons incidents et aux rayons réfractés des surfaces d'onde caractéristiques des deux milieux, décrites d'un même point comme centre et correspondant à l'unité de temps, sont coupées suivant la même courbe par un plan mené par le centre parallèlement au plan P; de là nous pouvons tirer plusieurs conséquences importantes.

1° Pour que tout plan soit aplanétique par réfraction, les rayons incidents étant de nature N et les rayons réfractés de nature N′, il faut que la nappe de nature N de la surface d'onde caractéristique du premier milieu qui correspond à l'unité de temps soit identique à la nappe de nature N′ de la surface d'onde caractéristique du second milieu qui correspond également à l'unité de temps. Si cette condition est remplie, les rayons réfractés de nature N′ qui correspondent à des rayons incidents de nature N se trouvent toujours sur le prolongement de ces rayons incidents, et on ne peut pas dire, à proprement parler, qu'il y ait réfraction. De ce que la condition énoncée plus haut est remplie, on ne peut cependant conclure à l'identité des deux milieux que s'ils sont tous deux monoréfringents; mais il peut arriver, par exemple, que l'un d'eux soit isotrope et l'autre uniaxe, la nappe ordinaire de la surface d'onde caractéristique de ce dernier milieu qui correspond à l'unité de temps étant une sphère d'un rayon égal à celui de la sphère qui, dans le premier milieu, forme la surface d'onde caractéristique correspondant à l'unité de temps. Si les milieux sont tous deux uniaxes, les nappes ordinaires des surfaces d'onde caractéristiques de ces deux milieux qui correspondent à l'unité de temps peuvent être identiques sans que les nappes extraordinaires de ces deux surfaces le soient; mais, si les nappes extraordinaires sont identiques entre elles, les nappes ordinaires le sont aussi, et les deux milieux n'en font qu'un. Si les deux milieux sont biaxes, les nappes ordinaires des surfaces d'onde caractéristiques correspondant à l'unité de temps ne peuvent être identiques sans que les nappes extraordinaires le soient aussi, et réciproquement; par suite, dans les deux cas, les deux milieux biaxes n'en font qu'un seul.

2° Lorsque la nappe de nature N de la surface d'onde caractéristique du premier milieu qui correspond à l'unité de temps et la nappe de nature N′ de la surface d'onde caractéristique du second milieu qui correspond également à l'unité de temps sont semblables et semblablement placées sans être identiques, ces deux nappes, étant décrites d'un même point comme centre, sont nécessairement extérieures l'une à l'autre et, par suite, aucun plan ne peut être aplanétique par réfraction, les rayons incidents étant de nature N et les rayons réfractés de nature N′. Il suit de là que, si la surface de séparation de deux milieux isotropes est plane, les rayons incidents étant issus d'un même point lumineux, réel ou virtuel, les rayons réfractés ne peuvent jamais être dirigés de façon à concourir en un même foyer. Cette conséquence de notre théorie est très-facile à vérifier en se fondant sur la loi de Descartes. Soit, en effet, O (fig. 35) le point lumineux, OA un rayon incident quelconque, AR le rayon réfracté correspondant. S'il existe un foyer, ce foyer devra nécessairement être situé sur la perpendiculaire OC abaissée du point O sur le plan réfringent et se trouvera par conséquent au point O′ où le rayon AR prolongé rencontre la droite OC: mais, en désignant par i et r les angles d'incidence et de réfraction pour le rayon OA, on a :

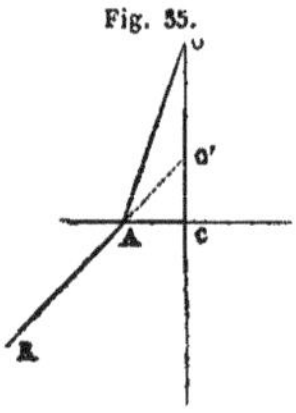

$$AC = OC \, \mathrm{tg}\, i, \quad AC = O'C \, \mathrm{tg}\, r,$$

d'où :

$$\frac{O'C}{OC} = \frac{\mathrm{tg}\, i}{\mathrm{tg}\, r}.$$

Pour que les prolongements de tous les rayons réfractés allassent concourir en O′, il faudrait que le rapport $\dfrac{\mathrm{tg}\, i}{\mathrm{tg}\, r}$ demeurât constant, ce qui n'a pas lieu. Ce résultat paraît, au premier abord, contraire à l'expérience, car l'image d'un objet vu par réfraction, dans l'eau, par exemple, est assez nette; mais il faut remarquer que l'œil est ordinairement placé de façon à ne recevoir que des rayons qui se sont réfractés sous de faibles incidences : les angles i et r étant alors très-petits, le rapport $\dfrac{\mathrm{tg}\, i}{\mathrm{tg}\, r}$ diffère très-peu de $\dfrac{\sin i}{\sin r}$, et par suite sa valeur reste sensiblement constante.

Comme application de la théorie des surfaces planes aplanétiques par réfraction, nous allons nous proposer le problème suivant : le premier milieu étant isotrope, quelle doit être l'une des nappes de la surface d'onde caractéristique du second milieu pour que tous les plans parallèles à un plan donné P soient aplanétiques par réfraction pour les rayons de même nature que cette nappe? Prenons le plan P pour plan des xy; soit l la vitesse de la lumière dans le premier milieu; l'équation de la surface d'onde caractéristique de ce premier milieu, décrite de l'origine comme centre et correspondant à l'unité de temps, est :

$$x^2 + y^2 + z^2 = l^2. \tag{1}$$

Pour que le plan des xy et tous les plans parallèles soient aplanétiques par réfraction, les rayons réfractés étant d'une certaine nature, il faut et il suffit, d'après ce que nous avons vu, que l'équation de la nappe, de même nature que les rayons réfractés, de la surface d'onde caractéristique du second milieu, décrite de l'origine comme centre et correspondant à l'unité de temps, puisse être identifiée avec l'équation :

$$x^2 + y^2 + (m^2 + n^2 + p^2) z^2 + 2mxz + 2nyz = l^2. \tag{2}$$

Cette dernière équation, en laissant les quantités m, n, p indéterminées, représente tous les ellipsoïdes dont les sections circulaires sont parallèles au plan des xy, celle de ces sections dont le plan passe par le centre ayant un rayon égal à l.

Mais on sait que, lorsque l'une des nappes de la surface d'onde caractéristique d'un milieu a la forme d'un ellipsoïde, cet ellipsoïde est nécessairement de révolution, et le milieu est uniaxe.

Donc, le premier milieu étant isotrope, pour que tous les plans parallèles à un plan P soient aplanétiques par réfraction, ce qui ne peut avoir lieu que si les rayons réfractés sont extraordinaires, il faut et il suffit : 1° que le second milieu soit uniaxe; 2° que l'axe de ce milieu soit perpendiculaire au plan P; 3° que le rayon de la section équatoriale de la nappe extraordinaire dans la surface d'onde caractéristique de ce second milieu correspondant à l'unité de temps soit égal à la vitesse de la lumière dans le premier milieu.

La nappe extraordinaire de la surface d'onde caractéristique du second milieu, décrite de l'origine comme centre et correspondant à l'unité de temps, aura, si les conditions que nous venons d'énoncer sont remplies, une équation de la forme :

$$x^2 + y^2 + Az^2 = l^2;$$

pour identifier cette équation avec (2), il faut poser :

$$m = 0, \quad n = 0, \quad p^2 = A;$$

comme d'ailleurs on a toujours :

$$m = \frac{a - a'}{c'}, \quad n = \frac{b - b'}{c'}, \quad p = \frac{c}{c'},$$

il vient :

$$a = a', \quad b = b', \quad \frac{c}{c'} = \sqrt{\overline{A}},$$

d'où l'on conclut que le point lumineux et le foyer se trouvent sur une même perpendiculaire au plan réfringent et que le rapport de leurs distances à ce plan est toujours égal à $\sqrt{\overline{A}}$.

C. — *Des surfaces planes aplanétiques par réflexion antilogue.*

Ce cas se traite absolument comme celui de la réfraction, et on arrive à la conclusion suivante : pour que tous les plans parallèles à un plan donné P soient aplanétiques par réflexion antilogue, il faut et il suffit que, si d'un point quelconque comme centre on décrit les deux nappes d'une surface d'onde caractéristique du milieu, et qu'on mène par ce point un plan parallèle au plan P, ce plan coupe les deux nappes suivant la même courbe. Or, ni dans les milieux uniaxes, ni dans les milieux biaxes, les deux nappes d'une même surface d'onde caractéristique ne se coupent, ni ne se touchent suivant des courbes planes dont les plans passent par le centre, donc :

Une surface plane ne peut jamais être aplanétique par réflexion antilogue.

SECTION IV. — DES SURFACES APLANÉTIQUES POUR TOUTES LES POSITIONS DU POINT LUMINEUX.

Nous avons vu dans le chapitre précédent que, toutes les fois qu'une surface plane est aplanétique par réflexion ou par réfraction pour une certaine position du point lumineux et du foyer, cette surface plane est aplanétique pour toutes les positions, réelles ou virtuelles, du point lumineux, la nature des rayons incidents et celle des rayons réfléchis ou réfractés restant toujours les mêmes. Nous allons maintenant démontrer que réciproquement toute surface aplanétique par réflexion ou par réfraction pour toutes les positions réelles ou virtuelles du point lumineux, la nature des rayons incidents et celle des rayons réfléchis ou réfractés restant toujours les mêmes, est nécessairement plane.

Soit S (fig. 36) une surface réfléchissante ou réfringente aplanétique pour

toutes les positions, réelles ou virtuelles, du point lumineux; soit O un point lumineux quelconque, ω le foyer correspondant. Considérons un
rayon incident quelconque OA; joignons Aω, et sur la droite
OA prenons un point quelconque O′; si le point lumineux est
en O′, le foyer doit se trouver quelque part sur la droite Aω,
soit en ω′. Les deux droites Oω, O′ω′ sont dans un même plan;
donc, si elles ne sont pas parallèles, elles se rencontrent en un
certain point C. Si on imagine que le point lumineux se trouve

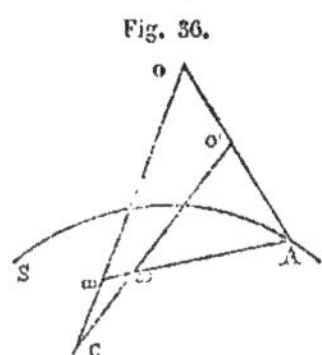

en C, le foyer correspondant devant se trouver à la fois sur les droites Oω et O′ω′
ne peut être qu'en C, c'est-à-dire coïncide avec le point lumineux, et alors la surface S doit être telle que tous les rayons issus du point C, considéré comme point
lumineux réel ou virtuel, se réfléchissent en revenant sur eux-mêmes ou passent d'un milieu dans l'autre sans changer de direction; par suite les directions
des rayons qui, aux différents points de la surface S, se réfléchissent en revenant
sur eux-mêmes ou passent d'un milieu dans l'autre sans changer de direction,
c'est-à-dire les droites que joignent les différentes positions du point lumineux
aux positions correspondantes du foyer, concourent toutes au point C.

Ce raisonnement étant tout à fait indépendant de la position du point A sur la
surface S, on voit que, pour qu'une surface réfléchissante ou réfringente soit
aplanétique pour toutes les positions, réelles ou virtuelles, du point lumineux, la
nature des rayons incidents et celles des rayons réfléchis ou réfractés restant les
mêmes, il faut que les directions des rayons incidents qui, aux différents
points de cette surface, se réfléchissent en revenant sur eux-mêmes ou passent
d'un milieu dans l'autre sans se briser soient toutes parallèles entre elles, ou que
ces directions concourent toutes en un même point C. Si ces directions sont
toutes parallèles entre elles, le plan tangent à la surface S reste toujours parallèle à lui-même, et, par suite, cette surface est plane. Si, au contraire, toutes ces
directions allaient concourir en un même point C, la surface S serait aplanétique par réflexion ou par réfraction, le point lumineux et le foyer étant confondus en C; elle serait donc, comme nous l'avons vu, d'une forme plus simple que
les surfaces aplanétiques par réflexion ou par réfraction pour des positions du
point lumineux et du foyer où ces deux points ne sont pas confondus; la surface
S ne pourrait donc être aplanétique pour une position du point lumineux différente du point C. On doit donc écarter l'hypothèse dans laquelle les directions
des rayons incidents qui, aux différents points de la surface, se réfléchissent en
revenant sur eux-mêmes ou pénètrent d'un milieu dans l'autre sans se briser,
iraient concourir en un même point; ces directions sont par suite parallèles
entre elles et la surface S est plane.

Nous sommes ainsi conduits au théorême suivant :

Pour qu'une surface aplanétique par réflexion ou par réfraction pour une certaine position du point lumineux et du foyer soit aplanétique pour toutes les positions, réelles ou virtuelles, du point lumineux, la nature des rayons incidents et celle des rayons réfléchis ou réfractés restant les mêmes, il faut et il suffit que cette surface soit plane.

Vu et approuvé,

Le 26 mai 1866,

Le Doyen de la Faculté des Sciences,
MILNE EDWARDS.

Vu et permis d'imprimer,

Le 26 mai 1866,

Le Vice-Recteur de l'Académie de Paris,
A. MOURIER.

DEUXIÈME THÈSE,

PROPOSITIONS DONNÉES PAR LA FACULTÉ.

Théorie des phénomènes électrodynamiques.

Vu et approuvé,

Le 26 mai 1866,

Le Doyen de la Faculté des Sciences,

MILNE EDWARDS.

Vu et permis d'imprimer,

Le 26 mai 1866,

Le Vice-Recteur de l'Académie de Paris,

A. MOURIER.

Paris. — Typographie de Ad. Lainé et J. Havard, rue des Saints-Pères, 19.